SAMMLUNG GÖSCHEN BAND 869

DAS TIERREICH

Redigiert von H. v. Lengerken

VII/5

VÖGEL

von

DR. HANS-ALBRECHT FREYE
Dozent an der Universität Halle/Saale

Mit 69 Figuren

WALTER DE GRUYTER & CO.
vormals G. J. Göschen'sche Verlagshandlung · J. Guttentag,
Verlagsbuchhandlung · Georg Reimer · Karl J. Trübner · Veit & Comp.
BERLIN 1960

 — Archiv-Nr. 11 08 69. — Satz und Druck: Saladruck, Berlin N 65. — Printed in Germany.

STÄMME DES TIERREICHES

1. Urtiere *(Protozoa)*
2. Schwämme *(Spongia)*
3. Hohltiere *(Coelenterata)*
4. Plattwürmer *(Plathelminthes)*
5. Hohlwürmer *(Aschelminthes)*
6. Schnurwürmer *(Nemertini)*
7. Kamptozoen *(Kamptozoa, Entoprocta)*
8. Ringelwürmer *(Annelida)*
9. Protracheaten *(Protracheata, Onychophora)*
10. Bärtierchen *(Tardigrada)*
11. Zungenwürmer *(Linguatulida)*
12. Gliederfüßler *(Arthropoda)*
13. Weichtiere *(Mollusca)*
14. Stachelhäuter *(Echinodermata)*
15. Tentakulaten *(Tentaculata)*, Hufeisenwürmer *(Phoronidea)*, Moostierchen *(Bryozoa)* und Armfüßler *(Brachiopoda)*
16. Binnenatmer *(Enteropneusta)*
17. Pfeilwürmer *(Chaetognatha)*
18. Chordatiere *(Chordata)*

DAS TIERREICH
IN DER SAMMLUNG GÖSCHEN

ist wie folgt gegliedert:

Bd. I. Einzeller.

Bd. II. Schwämme und Hohltiere.

Bd. III. Plattwürmer, Hohlwürmer, Kamptozoen, Schnurwürmer, Ringelwürmer, Protracheaten, Bärtierchen und Zungenwürmer.

Bd. IV. 1. Gliederfüßler: Krebse.

Bd. IV. 2. Gliederfüßler: Trilobitomorphen, Fühlerlose und Tracheenatmer: Tausendfüßler.

Bd. IV. 3. Gliederfüßler: Insekten.

Bd. V. Weichtiere.

Bd. VI. Stachelhäuter, Tentakulaten, Binnenatmer und Pfeilwürmer.

Bd. VII. 1. Chordatiere: Manteltiere, Schädellose, Rundmäuler.

Bd. VII. 2. Chordatiere: Fische.

Bd. VII. 3. Chordatiere: Lurche.

Bd. VII. 4. Chordatiere: Kriechtiere.

Bd. VII. 5. Chordatiere: Vögel.

Bd. VII. 6. Chordatiere: Säugetiere.

INHALT

von Band VII/5

EINLEITUNG

18. Stamm:	Chordatiere *(Chordata)*	
Bd. VII/1	1. Manteltiere *(Tunicata)*	
	2. Schädellose *(Acrania)*	
	3. Rundmäuler *(Cyclostomata)*	
	4. Wirbeltiere *(Vertebrata)*	
Bd. VII/2	Klasse: Fische *(Pisces)*	Amnionlose *(Anamnia)*
Bd. VII/3	Klasse: Lurche *(Amphibia)*	
Bd. VII/4	Klasse: Kriechtiere *(Reptilia)*	Amniontiere *(Amniota)*
	Klasse: Vögel *(Aves)*	
Bd. VII/6	Klasse: Säuger *(Mammalia)*	

VÖGEL *(Aves)*

Die Vögel sind gleichwarme, meist flugfähige *Amniota,* deren mehrschichtige, aber relativ dünne Haut von einem Federkleid bedeckt ist. Ähnlich den Haaren der Säuger sind die Federn Horngebilde, wenn auch von ungleich komplizierterem Feinbau. Von den 4 Extremitäten ist das vordere Paar zu Flügeln umgebildet, das hintere Paar zum Laufen, Sitzen bzw. auch Schwimmen geeignet. Ein Teil der Fußwurzel- und die Mittelhandknochen sind zu einem einzigen, für die Vögel charakteristischen Stück, dem Laufbein, verschmolzen. Das Brustbein der flugfähigen Vögel hat einen mehr oder weniger hohen Kamm als vergrößerte Ansatzfläche für die Flugmuskulatur, der den flugunfähigen Vertretern der Klasse fehlt. Allgemein ist ein Teil der Knochen des Vogelskeletts hohl und mit Luft gefüllt. Die Kiefer sind bei den rezenten *Aves* zahnlos und mit Hornscheiden überzogen. Das Herz ist 4kammerig, Körper- und Lungenkreislauf sind getrennt, der Aortenbogen ist rechts gelegen. Die roten Blutkörperchen sind oval, bikonvex, und haben einen Kern. Die relativ kleinen Lungen stehen mit dünnwandigen Luftsäcken in Verbindung, die sich zwischen den inneren Organen ausdehnen. Der Stimmapparat liegt im unteren Kehlkopf an der Basis der Luftröhre. Die wichtigsten und am besten entwickelten Sinnesorgane sind Auge und Ohr.

Die Befruchtung erfolgt innerhalb des unpaaren Eileiters, die dotterreichen Eier werden ausnahmslos mit harter Kalkschale bedeckt abgelegt. Die Embryonalentwicklung erfolgt durch Bebrüten der Eier, die ausgebrüteten Jungvögel sind entweder voll entwickelt, selbständig und fähig, das Nest zu verlassen (Nestflüchter), oder nackt, hilflos, und das weitere Heranwachsen kann zunächst nur durch die intensive Brutpflege der Eltern im bergenden Nest (Nesthocker) ermöglicht werden. Viele Vogelarten brüten oder leben auch gesellig (besonders Seevögel), andere sind weitgehend Einzelgänger (z. B. Kuckuck).

Ökologisch sind Vögel ursprünglich Landtiere, auch die extremen Meeresbewohner unter ihnen müssen zur Brutperiode an Land kommen. Wegen des Flugvermögens sind der geographischen Verbreitung kaum Schranken gesetzt; Meere und Süßwasser, Uferstreifen und Binnenland, Urwälder, Steppen, Heiden, Halbwüsten, Moore, Tundren, Eiswüsten aller Kontinente sind deshalb von den Vögeln besiedelt. Viele Arten haben ihren Brut- und ihren Überwinterungsraum z. T. über Kontinente hinweg getrennt, als Zugvögel machen sie deshalb jährliche Massenwanderungen in Form des imponierenden Vogelzuges.

Stammesgeschichtlich sind die *Aves* aus den Reptilien hervorgegangen und mit diesen morphologisch, physiologisch und embryologisch so eng verbunden, daß die gemeinsame taxonomische Bezeichnung *Sauropsida* gerechtfertigt erscheint. Die Systematik der 8590 echten Vogelarten ist wegen der Einheitlichkeit des Vogeltypus einerseits und der weitgehenden Ordnungsspezialisation andererseits relativ schwierig und ein bis heute noch keineswegs gelöstes Problem.

Für den Menschen sind die Vögel von außerordentlicher Bedeutung. Wegen ihres oft auffälligen Gebarens in der Landschaft, ihres z. T. prächtigen Gefieders, ihres interessanten Brutverhaltens und ihrer teilweisen Zähmbarkeit sind sie von jeher unter den Wirbeltieren das beliebteste Studienobjekt gewesen, und es gibt keine biologische Disziplin, die mit einem reicheren Schrifttum versehen wäre als die Ornithologie. Neben der gemütsbildenden ist aber die wirtschaftliche Bedeutung nicht zu verkennen. Allerdings darf in diesem Zusammenhang nicht verschwiegen werden, daß auch Vögel und ihre Produkte als Überträger von Infektionskrankheiten verantwortlich zu machen sind. Bekannt ist die Papageienkrankheit (Psittacosis), die wegen ihrer Gefährlichkeit anzeigepflichtig ist. Aber auch die „aviäre" Form der Tuberkulose, der Typus gallinaceus, stellt für den Menschen eine ernste Gefahr dar, wie auch die mit monatelangem Krankenlager verbundene Listeriose, die virösen Darmentzündungen (Ornithose) oder die durch Typhus-Koli bzw. Gärtner-Bakterien hervorgerufenen Eier- oder Fleischvergiftungen, für die alle — neben manchen anderen Krankheiten — die Vögel Infektionsquelle sind.

Abgesehen von den fleisch-, eier- und federnliefernden Hausvögeln (Hühner, Gänse, Enten, Tauben, Puter) liefern auch die wildlebenden Vögel eine Reihe tierischer Rohstoffe. So ist der in regenlosen Gebieten z. T. in erstaunlicher Mächtigkeit abgelagerte Guano als Düngemittel sehr geschätzt; als Produzenten für diese Ansammlung von Exkrementen kommen Seevogelarten, in erster Linie Pelikane, Kormorane, Tölpel, Sturmvögel und Pinguine, in Betracht. Darüber hinaus sind Wildvögel Bettfederlieferanten (Eiderenten, Brandgans, Papageitaucher u. a.) und Schmuckfederlieferanten; neben den durch die Jagd gewonnenen Federn (besonders Reiher-, Kondor-, Steinadler-, Fasanenfedern) ist man hier zur Deckung des Bedarfes zur Straußenfederzucht übergegangen. Auch die Eier mancher wildlebenden Vogelarten werden heute noch vielerorts verwertet, so sammelt man zu unmittelbaren Nahrungszwecken, aber auch zur Eiweißgewinnung, besonders solche von Gänsen, Enten, Möwen und vom Kiebitz. Die eßbaren Vogelnester der Salanganen stehen zur Suppenzubereitung und als Aphrodisiakum vornehmlich in China hoch im Wert. Nicht vergessen sei der Vogel als beliebtes Jagdobjekt, aber auch als Jagdhelfer richtet man manche Arten (Falken, Habicht, Sperber) jährlich immer wieder ab. Zum Schluß sei noch die unübersehbare Fülle der Zier- und Stubenvögel erwähnt, die der immer mehr naturentfremdete Kulturmensch aus der von ihm im zunehmenden Maße zerstörten Landschaft in sein Heim holt — zugleich mahnende Verpflichtung, der von ihm bedrohten Vogelwelt den ihr aus ethischen Gründen gebührenden Schutz nicht zu versagen.

A. ALLGEMEINER TEIL

I. DER KÖRPERBAU DER VÖGEL

1. Die Körperdecke

Das äußere Erscheinungsbild der Vögel wird durch den Besitz von Federn bestimmt. Keine Tierklasse ist durch das Auftreten eines einzigen Strukturelementes so klar gekennzeichnet wie die Vögel durch ihr Federkleid. In Verbindung mit dem Hornschnabel, den Hornschuppen der Läufe und gegebenenfalls noch anderen Hautprodukten wie Sporen, Nägel, Kehllappen, Ohrscheiben, Kämme, Karunkeln usw. bedingen sie nicht nur sehr wesentlich die artlichen Unterschiede, sondern können auch als sekundäre Geschlechtsmerkmale geschlechtliche Unterschiede zum Ausdruck bringen. Nicht zuletzt wird der Vogelflug erst durch

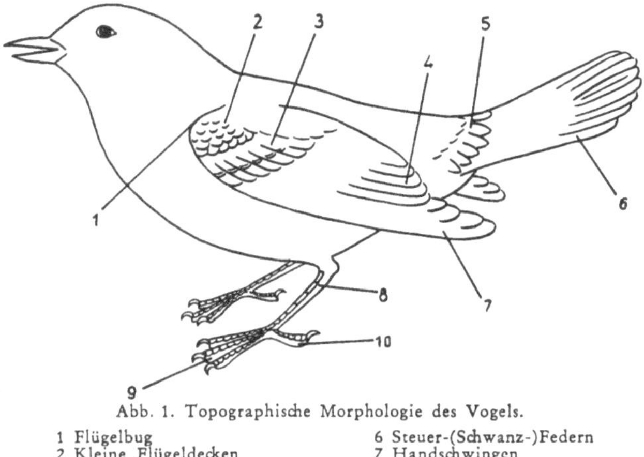

Abb. 1. Topographische Morphologie des Vogels.

1 Flügelbug
2 Kleine Flügeldecken
3 Große Flügeldecken
4 Armschwingen
5 Oberschwanzdecken
6 Steuer-(Schwanz-)Federn
7 Handschwingen
8 Lauf
9 Vorderzehen
10 Hinterzehe

das Vorhandensein der großen Schwung- und Steuerfedern ermöglicht.

Die Körperdecke der Vögel — die Haut und ihre Hautgebilde — ist zugleich Schutzhülle im umfassendsten Sinne und Wärmeregulator, ferner Speicherorgan und Sitz wichtiger Sinnesorgane. Wie bei allen Wirbeltieren besteht die Haut aus der ektodermalen Oberhaut (Epidermis) und der mesodermalen Lederhaut (Corium), unter der noch ein mehr oder minder starkes Unterhaut-Fettgewebe (Subcutis) sich ausbreitet. Im Gegensatz zu den Säugern ist die Vogelhaut wegen des geringen Umfanges der Lederhaut und der Hornschicht der Oberhaut recht dünn, darüber hinaus aber auch relativ trocken und locker dem Körper aufsitzend.

Die Oberhaut setzt sich aus einer Keimschicht (Stratum germinativum) und einer von dieser gebildeten, durch Austrocknung und chemische Umwandlung verhornenden, darüberliegenden Zellschicht, der Hornschicht (Stratum corneum), zusammen. Die abgestorbene Hornschicht wird nicht periodisch, sondern kontinuierlich abgestoßen und erfährt eine allmähliche Erneuerung.

Die Lederhaut besteht aus faserigem Bindegewebe mit eingelagerten elastischen Fasern. Des weiteren findet man hier Blutgefäße, Nerven,. Tastzellen, freie Nervenendigungen und glatte Muskulatur, die als Federmuskeln die einzelnen Federn bewegt. Hautdrüsen sind in der Vogelhaut kaum vorhanden: Schweißdrüsen fehlen völlig, ihre Tätigkeit ist mit dem Auftreten des Federkleides auch unvereinbar; Talgdrüsen kommen vereinzelt im Gehörgang der Hühnervögel vor und bei allen Vögeln mit Ausnahme der Straußartigen, Trappen, einiger Tauben und Papageien und weniger anderer Arten als Bürzeldrüse (Glandula uropygii). An der Schwanzwurzel über den letzten Schwanzwirbeln (in der Bürzelregion) gelegen, ist sie ein kompakter nieren- oder walzenförmiger Körper, der immer paarig angelegt wird, dessen Ausführgänge sich aber zu einer unpaaren Bürzelzitze vereinigen können (Abb. 2). Die Drüse sondert ein in zahlreichen Drüsenschläuchen gebildetes, fettiges Sekret in Form kleinster Tröpfchen ab, das der Vogel mit dem Schnabel herausdrücken kann; es dient zum Einölen des Gefieders. Da das Drüsenfett aber auch noch das Provitamin Ergosterol enthält, das sich unter dem Einfluß der ultravioletten Sonnenstrahlen zu dem antirachitischen Vitamin D umbaut und vom Schnabel bei der Gefiederpflege aufgenommen werden kann, liefert es seinem Träger auch noch einen kleinen Teil seines Vitaminbedarfes. Im Gegensatz zu den rein landbewohnenden Vögeln ist die Bürzeldrüse bei Wasservögeln besonders groß. Bei manchen Arten kann sie schließlich noch als Duftorgan dienen (z. B. Wiedehopf; Moschusente).

Abb. 2. Bürzeldrüse vom Wiedehopf. (Nach S. Schumacher)

Das Unterhaut-Fettgewebe enthält neben quergestreifter Muskulatur, die mit den Skelettmuskeln in Verbindung steht und die Bewegung ganzer Federfluren bewirkt, vor allem ein mehr oder minder ausgedehntes Fettpolster (Panniculus adiposus). Dieses ist bei Zugvögeln während der Zugzeiten am stärksten entwickelt; es dient aber nicht nur als Fettreservoir, sondern auch als Wärmeschutz (besonders bei Wasservögeln) und Druckpolster (in der Steißbeingegend und an den Zehenballen). Dadurch, daß die Subcutis den anschließenden Organen recht locker aufliegt, wird die große Verschiebbarkeit der Haut bedingt, die für die Federbewegung und die Lokomotion von Bedeutung ist.

Nur an wenigen Stellen ist die Haut mancher Vögel nackt (z. B. Hühner, Geier, Strauße). Auffallend sind die roten, aus Epidermis und Corium bestehenden Kämme der Hühnervögel, deren Farbe durch oberflächlich gelagerte und reich verzweigte Blutkapillaren bestimmt wird. Des weiteren sind auch Ohrscheiben, Kehllappen, Karunkeln, Blässflecke usw. solche federfreien Hautpartien. Periodisch kommen auch auf der Bauchseite brütender Vögel federlose Hautstellen vor. Sie werden als Brutflecke bezeichnet, treten in Einzahl oder Mehrzahl auf, sind stark durchblutet und deshalb leicht gerötet. Außer bei einigen

Wasservögeln (z. B. Enten, Tölpel, Pinguine, Kormorane) findet man sie sonst bei den meisten Vogelarten.

Der weitaus größte Teil der Körperoberfläche des Vogels jedoch wird vom Gefieder bedeckt. Je nach der Lage und der Beschaffenheit der einzelnen Federn unterteilt sich das Gefieder als Summe aller Federn in das Groß- und Kleingefieder. Zum Großgefieder zählen die Flügel- oder Schwungfedern und die Schwanz- oder Steuerfedern, zum Kleingefieder alle übrigen Federn des Körpers. Insgesamt bietet das Gefieder dem Organismus einen vorzüglichen Wärmeschutz, ermöglicht das Fliegen und hat durch Färbung, Zeichnung oder auch Form der einzelnen Federn auffällige (semantische) oder verbergende (kryptische) Merkmalsbedeutung.

Jede Vogelfeder entsteht wie die Reptilschuppe oder das Säugerhaar aus einer warzenähnlichen Erhebung der Oberhaut, einer Epidermispapille, und ist damit primär epidermalen Ursprungs. Während der weiteren Entwicklung jedoch senkt sich die Papille in die Lederhaut ein, wobei sie eine kegelförmige Partie von Coriumgewebe in sich aufnimmt. Da nur in der Lederhaut (und nicht in der Oberhaut) Blutbahnen und Nerven enthalten sind, ist diese Verbindung von Epidermispapille und Coriumgewebe für die Nährstoffzufuhr an das Keimgewebe der werdenden Feder, und damit für das Federwachstum, von Bedeutung. Durch das Einsinken der Federpapille in die Tiefe des Coriums wird eine Hauttasche, der Federbalg (Federfollikel), gebildet, aus dem die künftige Feder herausragt. Die epidermale Hülle der Federanlage wird im Laufe der weiteren Entwicklung zu einem Hornzylinder, in dessen Inneren sich in komplizierter Weise die junge Feder entwickelt. Das Bildungsgewebe bleibt als Pulpa bis zum Ausreifen der gesamten Feder erhalten. Die fertigen Federteile werden in dem Maße, wie an der Basis neues Federmaterial gebildet wird, nach außen vorgeschoben. Die verhornte Federhülle reißt schließlich ein, die Spitze der Feder tritt heraus und entfaltet sich. Mit fortschreitender Verhornung stirbt die Pulpa allmählich ab und hinterläßt eine Reihe dünner Hornkappen, die Federseele, um nur noch am Federgrunde als kleine Papille durch einen Nabel in die Feder zu treten. Die Hornscheide platzt allmählich bis zum Grunde ab; die fertige Feder selbst ist ein totes Gebilde.

Der größte und gestaltlich komplizierteste Federtyp ist die Konturfeder (s. Abb. 3). Sie besteht aus einem Kiel (Scapus) und einer Fahne (Vexillum). Der untere, im Federbalg steckende Abschnitt des Kiels ist rund, hohl, enthält die Seele und wird als Spule (Calamus) bezeichnet. Der obere, sich aus der Haut erhebende Abschnitt des Kiels ist vierkantig, enthält schwammiges, luftgefülltes weißes Mark und wird Schaft (Rhachis) genannt. An dem axialen Schaft entfaltet sich die weichere Fahne beidseitig und in einer Ebene derart, daß in spitzem Winkel nach distal eine Vielzahl feiner Äste (Rami) wegstrebt, die ihrerseits wieder in gleicher Weise angeordnete Nebenäste (Federstrahlen, Radii) tragen. Bei der Mehrzahl der Vögel (Ausnahme z. B. Straußenvögel) besitzen die auf der von der Hautoberfläche abgekehrten Seite befindlichen Federstrahlen rückwärtsgerichtete Häkchen (Radioli), die sich ihrerseits mit den Nebenästen des benachbarten Ramus innig verzahnen (Abb. 4). Dadurch bekommt die ganze Fahne einer Feder einen festen, aber doch elastischen Zusammenhalt und bildet bei feinster Ausgestaltung seiner Einzelelemente doch eine geschlossene Fläche. Vielfach besitzen die Konturfedern (aber niemals die Schwung- und Steuerfedern) einen Nebenschaft (Hyporhachis), der stets zwischen Hautoberseite und Ursprungsfeder liegt und nur bei Emus und Kasu-

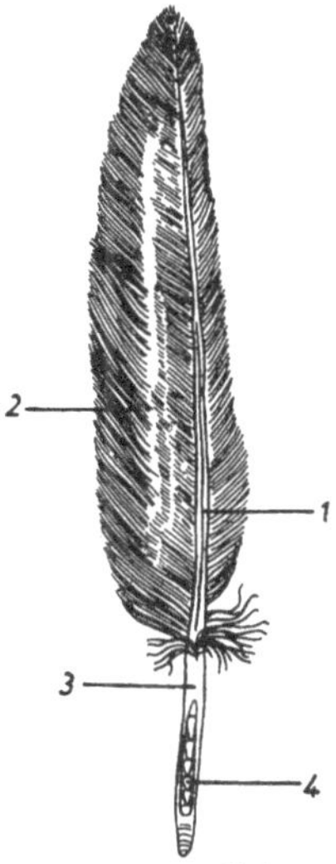

Abb. 3. Vogelfeder.
1 Federschaft
2 Federfahne
3 Federspule
4 Federseele

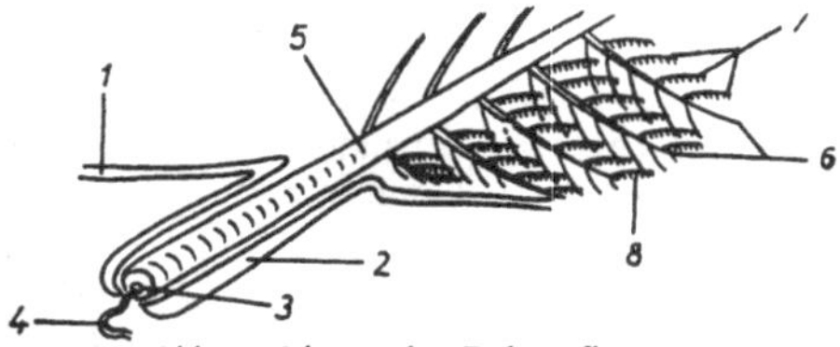

Abb. 4. Schema des Federaufbaues.

1 Oberhaut
2 Federbalg
3 Papille
4 Blutgefäße u. Nerven
5 Federkiel
6 Äste
7 Nebenäste
8 Häkchen

aren die Größe der Hauptfeder erreicht, von der er abgespalten ist.

Häufig, besonders bei den Großgefiederfedern, ist der bei geschlossen getragenem Gefieder sichtbare Teil der Federfahne (Außenfahne) kleiner und auch mit härteren Ästen versehen als der nicht sichtbare Fahnenteil (Innenfahne). Während die Außenfahne die Gefiederzeichnung in klarer Musterung zeigt, trägt die Innenfahne meist nur verschwommen gezeichnete Farbmuster. Bei den stammkletternden Spechten haben die mittleren Schwanzfedern lange, starre, zugespitzte Schäfte, die durch kräftige Muskeln beweglich an der Schwanzwirbelsäule befestigt sind; dadurch wird bei ihnen der Schwanz zu einem Stützorgan.

Insgesamt kann man im Gefieder der Vögel folgende Federtypen nach ihrer unterschiedlichen Beschaffenheit aufstellen:

1. *Konturfedern* (Pennae) mit steifem Schaft und steifer, fester Fahne; sie bedecken die äußeren Umrisse des Vogels und bestimmen die Kontur seines Federkleides.
2. *Pelzdunen* (= Flaumfedern, Daunen; Plumae) mit schlaffem und schwachem Schaft und schwach entwickelter Fahne; den Konturfedern unterlagert dienen sie dem Kälteschutz. Im allgemeinen treten sie nur in spärlicher Anzahl auf, bei Schwimmvögeln und nordischen Arten sind sie dagegen reich entwickelt (z. B. Eiderenten). Bei

Pelikanen, bei denen sie am Hals die einzige Bedeckung darstellen, fehlt den Pelzdunen der Schaft, die zarten Fahnenstrahlen entspringen hier dem distalen Spulenende.

3. *Fadenfedern* (Filoplumae) mit dünnem, haarähnlichem Schaft, ohne oder mit sehr stark verkümmerter Fahne. Sie sind zumeist in Mehrzahl um eine Konturfeder oder auch Pelzdune angeordnet und in der Regel von ihnen bedeckt. Zu den Fadenfedern kann man auch die borstenähnlichen Schnurr- oder Bartborsten (Vibrissae) zählen, die am Schnabelgrund vornehmlich bei Nachtvögeln (z. B. Eulen, Nachtschwalben, Kiwis), aber ebenfalls bei manchen Fruchtfressern (z. B. Bartvögel) stehen und Tastfunktion, bei Nachtschwalben auch Reusenfunktion zur Vergrößerung des Schnabelspaltes besitzen. Aus einem ebensolchen starren, einfachen Federschaft bestehen schließlich noch die dem Schutz des Auges dienenden Augenwimpern mancher Vögel (z. B. Nachtschwalben, Nashornvögel).

Von diesen Grundtypen gibt es weitere Abweichungen. So besitzen viele Vogelarten zur Einpuderung des Gefieders besondere Puderfedern oder ausgesprochene Puderdunen. Deren Spitzen lösen sich bei ununterbrochenem Wachstum der ganzen Feder in feinsten Puderstaub auf, der wasserabstoßend ist und dem Nässeschutz dient; pudernde Arten entbehren deshalb zumeist auch einer funktionstüchtigen Bürzeldrüse. Darüber hinaus bewirkt die Einstäubung des ganzen Federkleides mit der pudrigen Substanz einen reifähnlichen Überzug, wie ihn besonders Tauben, Reiher, Papageien u. a. aufweisen.

Vögel mit großer Bürzeldrüse besitzen sehr häufig in deren Umgebung pinselartige Federn, die die Ausscheidungen dieser Drüse aufsaugen.

Als Deckfedern bilden die Konturfedern die feste Decke des Vogelorganismus. Nach ihrer Lage unterscheidet man: Stirn-, Scheitel-, Hinterhaupt-, Kehl-, Wangen-, Nacken-, Rücken-, Brust-, Bauch-, Lauffedern usw.

Die Deckfedern sind nun nicht gleichmäßig über den ganzen Körper verteilt, sondern stehen in gesetzmäßig ausgebildeten Gruppen auf Hautfeldern, die man Federfluren (Pterylae) nennt und zwischen denen sich konturfederfreie Gebiete, sog. Raine (Apteria), erstrecken. Mit Ausnahme der Strauße, Pinguine und Wehrvögel *(Anhimidae)* findet man diese Trennung in Fluren und Raine, die Pterylose (Abb. 5), durchgängig bei allen Vögeln. Während die Dunen, die keine regelmäßige Verteilung aufweisen, auf den Fluren als auch auf den Rainen anzutreffen sind, bilden die Konturfedern im allgemeinen 9 Federfluren: Rückgratflur (Nacken bis Schwanz; Pteryla spinalis), Schulterflur (Pt. humeralis), Oberschenkel- und Lendenflur (Pt. femoralis), Unterflur (Brustseiten bis Aftergegend; Pt. gastraei), Kopfflur (Pt. capitis), Flügelflur (Schwungfedern mit oberen und unteren Deckfedern; Pt. alaris), Unterschenkelflur (Pt. cruralis), Schwanzflur (Pt. caudae) und Afterflur (Pt. ani).

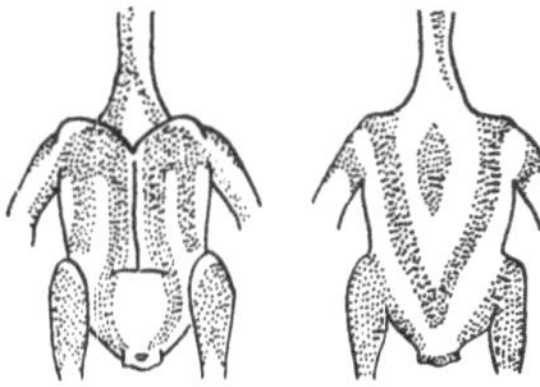

Abb. 5. Federfluren eines Vogels. (Verändert nach Frieling) Links Unterseite, rechts Oberseite

Als die für den Vogelflug recht bedeutungsvollen Flügelfedern (Remiges) sitzen die großen Konturfedern in einer Reihe geordnet an den Knochen der Vorderextremität an. Im Bereich der Hand findet man gewöhnlich 10 bis 12 Handschwingen (Schwungfedern I. Ordnung), im Bereich des Unterarms je nach der Flügelform 6—37 Armschwingen (Schwungfedern II. Ordnung), deren Gesamtheit Hand- bzw. Armfittich genannt wird. Zu jeder Schwinge gehört auch eine Deckfeder, eine Erscheinung, die man als Eutaxie bezeichnet. Bei manchen Vögeln (z. B. Gänse, Greifvögel) fehlt die zur großen, fünften Deckfeder zugehörige Armschwinge; man nennt diese Eigenart Diastataxie. Zu den Armschwingen gehören auch einige am Oberarm ansitzende als Oberarmschwingen (Schwungfedern

III. Ordnung) umgebildete Deckfedern, die den Schulterfittich bilden. Schließlich trägt der Daumen noch 3—4 kleine, aber kräftige Schwingen mit dazugehörigen Deckfedern, den Afterflügel oder Daumenfittich (Alula), der als Einheit bewegt werden kann und beim Starten und Landen eine flugtechnische Rolle spielt.

Auch die großen Konturfedern des Schwanzes, die Steuerfedern (Rectrices), sind von Deckfedern begleitet. Im

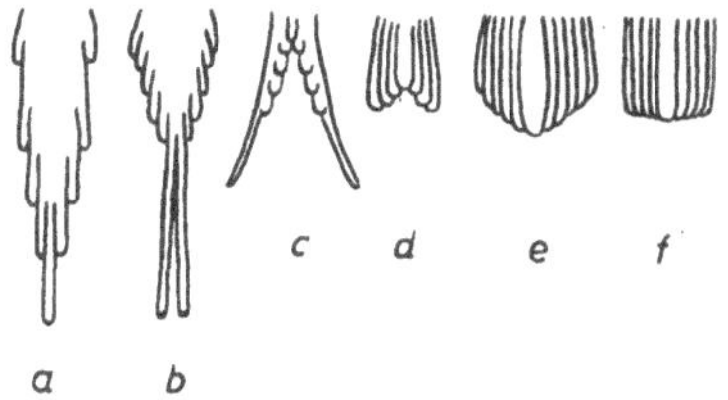

Abb. 6. Verschiedene Schwanzformen. (Verändert nach Leunis)
a gestufter Schwanz (z. B. Schwanzmeise)
b keilförmiger Schwanz (z. B. Tropikvogel)
c gegabelter Schwanz (z. B. Seeschwalbe)
d ausgekerbter Schwanz (z. B. ♀ Birkhuhn)
e abgerundeter Schwanz (z. B. Seidenschwanz)
f abgeschnittener Schwanz (z. B. Bachstelze)

allgemeinen besitzt der Vogel 5—6 Paar Schwanzfedern, eine Zahl, die der Normalzahl der zu der knöchernen Schwanzplatte verschmolzenen Schwanzwirbel entspricht. Die Gesamtform des Schwanzes kann neben vielen Abweichungen keilförmig (Lämmergeier), abgerundet (Kolkrabe), abgeschnitten (Bachstelze), eingebuchtet (Schwarzmilan) oder gegabelt (Seeschwalbe) sein (vgl. Abb. 6).

Die Färbung der Feder entsteht durch das Auftreten von körnchen- oder stäbchenförmigen Pigmenten (Melaninen), die als Eiweißabbauprodukte in schwarzer (Eumelanine) oder ockergelber bis dunkelbrauner (Phaeomelanine) Farbstufung schon bei der Federbildung in die Feder einwandern. Im Gegensatz zu den Melaninkörnchen wird eine zweite Gruppe von Farbstoffen, die fettlöslichen, chemisch carotinoid-verwandten Fettfarbstoffe (Lipochrome), mit der Nahrung aufgenommen und mit dem Blut an die Feder herangebracht. Neben diesen Farbstoffen bedingen darüber hinaus noch Strukturfarben (Glanz-, Samt-, Schiller-, manche Blaufarben) die Gesamtfärbung einer Feder, die demnach neben der schwankenden Dichte der eingelagerten Pigmentkörner und die mehr oder minder intensive Verteilung der Lipochrome durch die vom Feinbau der Feder abhängige unterschiedliche optische Brechung des Lichtes bestimmt wird.

Das Zeichnungsmuster und die Färbung der Einzelfeder kann, braucht aber nicht dem Gesamtmuster des Gefieders zu entsprechen; häufig gehen vielmehr die Muster über die Grenzen des Federindividuums hinweg. Innerhalb von Verwandtschaftskreisen läßt sich das Zeichnungsmuster vielfach auf ein ganz bestimmtes Familienschema bringen, das oft auf das Muster der Jugendkleider zurückgeführt werden kann (vgl. z. B. Tropfenmuster der Jugendkleider von Drosseln, Nachtigall, Rot- und Blaukehlchen). Phylogenetische Rückschlüsse sind aber trotzdem aus solchen Familienreihen nur mit Vorsicht zu ziehen, da Anpassungsmuster an die ökologischen Bedingungen eine große Rolle spielen. Hier kennen wir Schutzfärbungen, z. B. die „Rindenmuster“ von Eulen, Nachtschwalben, Wendehals, Baumläufern, die „Bodenmuster“ von Hühnervögeln, Lerchen, Piepern, Schnepfen usw. oder die „Schneetrachten“ von Schnee-Eule, -huhn und -ammer. Daneben gibt es auch Schutzmuster, die durch grobe Scheckung, Streifung oder Felderung eine Auflösung der Körperformen bewirken. Solche Somatolyse zeigen z. B. junge Kiebitze und andere Regenpfeifer, junge Taucher, aber auch die somatolytischen Zeichnungen der Brandgans, der Rohrdommel, des Brachvogels oder des Austernfischers gehören neben vielen anderen Beispielen hierher.

Neben den Anpassungsmustern treten ausgesprochen auffällige Prachtmuster auf, die als Schmuckmuster im Hochzeitskleid vor allem von den Männchen angelegt werden, um sowohl dem Geschlechtspartner als auch dem Geschlechtskonkurrenten zu imponieren (z. B. das prächtige

Kleid der Erpel). Darüber hinaus gibt es aber noch eine Fülle verschwenderischer Farben, Muster, Schopfbildungen des Gefieders sowie leuchtende Farben an nackten Körperstellen (z. B. bei Pfefferfressern, Papageien), die sich einer kausalen Erklärung entziehen und die nicht zuletzt dazu beitragen, das Reich der Vögel für viele Menschen so anziehend zu machen. Die Ethologie[1]) konnte zeigen, daß viele bisher als nicht bedeutungsvoll angesehene Zeichnungen, Muster, Farbflecken usw. Signalcharakter haben oder als Auslöser dienen (z. B. Schnabelfleck der Möwen, Spiegel der Enten, orangefarbene Brust des Rotkehlchens; vgl. auch S. 97).

Neben den normalen Gefiederfärbungen und -zeichnungen gibt es eine ganze Reihe von Farbabweichungen, die meist erblich sind und stets mehr oder minder krankhafte Veränderungen darstellen. Von den wichtigeren Farbabirrungen sind bekannt:

A. Abnormer Farbstoffmangel (Hypochromatismus):
   1. Albinismus — in Form von vollständigem Pigmentausfall (Totalalbinismus; betrifft auch die Oberhaut und die [roten] Augen), teilweisem Pigmentausfall (partieller Alb.) oder Pigmentenausfall nur in den Federn (Leukismus);
   2. Schizochroismus — Ausfall nur einer Pigmentart (z. B. von Melanin beim wilden Kanarienvogel, der dadurch gelb wird);
   3. Chlorochroismus — Fahlfärbung, gleichmäßiges Abblassen aller Pigmentarten.

B. Abnormer Farbstoffüberschuß (Hyperchromatismus):
   1. Melanismus — abnorme Ausbreitung der Melanine;
   2. Lipochromatismus — abnorme Ausbreitung der Lipochrome.

Die toten Federn des Vogels nutzen sich im Laufe der Zeit stark ab, und ein abgetragenes Federkleid ist sowohl an den ausgeblichenen Farben als auch an den abgestoßenen („ausgefransten") Federenden kenntlich. Das Federkleid

---

[1]) Verhaltenslehre.

bedarf deshalb von Zeit zu Zeit einer Erneuerung. Mindestens einmal jährlich werden die alten Federn abgeworfen und durch neue ersetzt. Das geschieht entweder allmählich und kontinuierlich oder vollzieht sich — vor allem bei den Vögeln der gemäßigten und arktischen Zonen — periodisch, zu bestimmten Jahreszeiten.

Die Mauser, wie man den Federwechsel nennt, steht unter dem Einfluß des Schilddrüsenhormons und ist in Abhängigkeit vom Geschlechts- und Brutleben weitgehend mit einem „Kleiderwechsel" verbunden. Bei der Mauserung nimmt die am Grunde des Federbalges gelegene Papille ihre Tätigkeit aufs neue auf und drängt bei ihrem Wachstum den alten Federkiel aus dem Follikel heraus. Frisch gemauserte Federn besitzen noch Blutkiele; da man beim Ausreißen solcher unreifen Federn die Pulpa verletzt, wachsen sie nicht wieder nach (Vorsicht beim Gänserupfen!). In unseren Breiten erfolgt in der Regel im Spätsommer oder Herbst eine sog. Vollmauser, bei der alle Federn gewechselt werden. Vor der nächsten Brutperiode wechselt der Vogel zumeist nur das Kleingefieder in einer Teilmauser. Bei der Vollmauser können die Schwingen alle gleichzeitig ausfallen, so daß der Vogel zeitweilig flugunfähig ist (z. B. Enten, Gänse, Rallen, Kraniche, Seetaucher, Alken, Lummen). Zumeist treten jedoch Mauserzentren auf, von denen aus in gesetzmäßiger Weise die Federn gewechselt werden. Die Handschwingen mausern dabei in der Regel vom Gelenk nach der Flügelspitze hin (descendente Handschwingenmauser), die Armschwingen jedoch gleichzeitig vom Hand- und Ellenbogengelenk ausgehend nach der Mitte zu (konvergente Armschwingenmauser). Die Schwanzmauser verläuft zumeist von der Mitte ausgehend zum äußersten Steuerfederpaar (also zentrifugal), bei den Fasanenartigen jedoch zentripetal, bei kleinen Eulenarten gleichzeitig. Bei den Spechten und Baumläufern mausern die wichtigen Mittelfedern in Abhängigkeit von ihrer Stützaufgabe zuletzt, die übrigen Schwanzfedern zentrifugal. Wenn die nächstäußeren Schwanzfedern kräftig genug sind, wechseln die Mittelfedern. Im allgemeinen sind die Vögel während der Mauserung physiologisch in einem angegriffenen Zustand und zeigen während dieser Zeit eine geringere Widerstandsfähigkeit gegen Krankheitsursachen. Haushühner setzen während der Mauser mit dem Legen aus.

Unabhängig von der normalen Mauserung kennt man heute von einigen Arten (schon über 50 Spezies) eine durch Schreck oder Angst ausgelöste partielle Mauser, vornehmlich der Schwanzfedern und des Kleingefieders der Bauchgegend. Solche Schreckmauser dürfte mit der Autotomie anderer Tiere (Krebse, Eidechsen, Nager) vergleich-

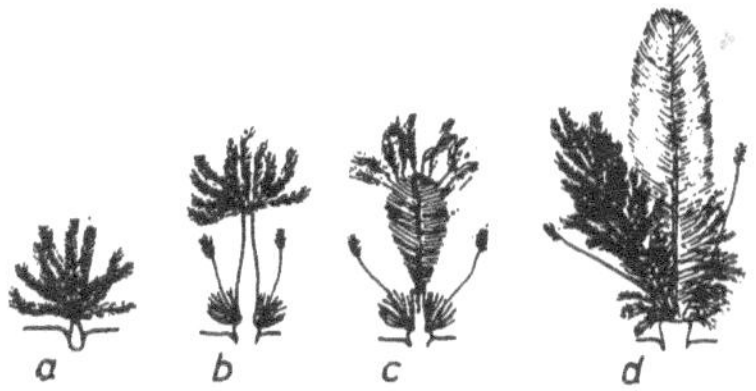

Abb. 7. Entwicklung der Federstrukturen beim Huhn. (Nach Gerber aus Portmann)

a Nestlingsdune (Konturfederspitze)
b Konturfeder im Federkiel eingeschlossen, Nestlingsdune emporgehoben; daneben zwei Fadenfedern mit duniger Basis
c Entfaltung der Fahne der Konturfeder
d Konturfeder mit Afterfeder und zwei Fadenfedern

bar sein und ihre biologische Bedeutung in der Opferung eines zumindest zeitweise entbehrlichen Körperteiles für den angreifenden Feind zur Rettung des Lebens liegen.

Das erste Federkleid im Laufe des individuellen Lebens (Pullus) wird bei den meisten Vögeln von den sog. Nestdunen (Neoptile) gebildet. Sie sind die besonders aufgelockerten, zuerst aus der Haut sprossenden Spitzen der sonst noch in der Haut verborgenen unentwickelten, definitiven Federn (Teleoptile). Die Nestdunen stellen somit keine eigene Federgeneration dar; die Aufeinanderfolge von definitiven Konturfedern und Pelzdunen auf die Nestdunen des ersten Federkleides ist also nur die Wachstumsunterbrechung des gleichen Hautgebildes (Abb. 7). Bei Eulen kann daneben allerdings zwischen Neoptilen und

Teleoptilen noch eine eigene Dunengeneration aus Zwischenfedern (Mesoptilen) ausgebildet sein. Die Rabenvögel, Würger, Grasmücken, Gelbspötter, Spechte, Eisvögel u. a. besitzen kein Nestdunenkleid. Bei den Nestflüchtern zeigen viele Arten gerade im ersten Federkleid ein besonders hohes Maß von Schutzfärbungen.

Das darauf folgende erste Konturfederkleid wird als Jugendkleid (Juvenis) bezeichnet und von den zwar ausgewachsenen aber noch nicht geschlechtsreifen Jungvögeln getragen. Bei manchen Arten ist es vom Alterskleid sehr deutlich unterschieden (z. B. Möwen, Habicht). Nach einer oder auch mehreren Mauserungen wird dann nach Eintritt der Geschlechtsreife das Alterskleid (Adultus) angelegt, das in Färbung und Zeichnung lebenslänglich gleichbleiben kann. Viel öfter jedoch findet ein jährlicher Wechsel zwischen einem Ruhekleid und einem Brutkleid statt, das entweder in beiden Geschlechtern oder häufiger nur im männlichen Geschlecht (Enten, Hühner) ein mehr oder minder prächtiges Hochzeitskleid darstellt. Abschließend muß in diesem Zusammenhang betont werden, daß jede Gefiederumfärbung durch eine Voll- oder eine Teilmauser und nicht etwa durch Federumfärbung hervorgerufen wird; Umfärbungen ohne Mauser können nur durch Abstoßen der Federränder zustande kommen (z. B. Bluthänfling, Buchfink, Star).

Weitere Horngebilde außer den Federn sind bei den Vögeln Nägel, Sporen, Schuppen und der Schnabel. Die Nägel entstehen in einem Nagelfalz und bedecken die Zehenspitzen. Im allgemeinen hält sich die natürliche Abnützung der Nägel mit ihrem Längenwachstum die Waage. Nur von den *Tetraonidae* ist ein mauserähnliches Wechseln einmal im Jahr nach der Brutzeit bekannt. Fingernägel (zumeist am 1. Finger) treten bei vielen Greif- und Entenvögeln, beim Hoatzin sowie bei Kiwi, Kasuar, Nandu und Strauß auf. Die Urvögel haben an sämtlichen 3 Fingern der Hand Fingernägel besessen. — Sporen sind, manchmal von Knochenzapfen gestützte, spitze Hornkegel, die als Angriffswaffen dienen. Sie sitzen entweder am Lauf (Hühnervögel), am Mittelhandknochen des Flügels (Wehrvögel) oder am radialen Handwurzelknochen (Sporengans — *Plectropterus*). — Die Zehen und der unbefiederte Teil, des Laufes werden von den hornigen Schuppen bedeckt, die gleichförmig oder als verschieden

Abb. 8. Verschiedene Schnabelformen. (Nach mehreren Autoren)

a Seeadler (Haliaeetus albicilla)
b Girlitz (Serinus serinus)
c Kormoran (Phalacrocorax carbo)
d Pelikan (Pelecanus onocratulus)
e Blutschnabel-Papagei (Tanygnathus megalorhynchus)
f Stockente (Anas platyrhynchos)
g Flamingo (Phoenicopterus ruber)
h Fichtenkreuzschnabel (Loxia curvirostra)
i Regenbrachvogel (Numenius phoeopus)
k Schlammläufer (Limnodromus griseus)

große Tafeln und Platten gestaltet sein können, mitunter auch zu regelrechten Laufschienen verschmolzen sind. Da die Schuppen einer ständigen Abnutzung unterliegen, werden sie nicht mit gemausert. — Der Schnabel ist im wesentlichen ein Produkt der Hornschicht der Oberhaut. In Abhängigkeit von der Lebensweise gibt es die mannigfachsten Schnabeltypen (Abb. 8). Am stärksten verhornt ist in der Regel die Schnabelspitze. „Weiche" Schnäbel haben Entenvögel, Flamingos, Schnepfenvögel. Am Schnabelgrund von Tauben, Papageien, Hühnervögeln, Greifvögeln findet sich eine weiche, nervenreiche, zuweilen auffällig gefärbte Wachshaut (Ceroma). Schlupfbereite Vogelembryonen tragen zum Durchbrechen der Eischale einen als Eizahn bezeichneten kleinen Hornkegel auf dem Oberschnabel. Auch hier beim Schnabel hält das Wachstum mit dem Verschleiß Schritt; nur die Rauhfußhühner machen wieder insofern eine Ausnahme, als bei ihnen die Schnabelscheiden mit den Krallen im ganzen abgestoßen werden.

2. Das Skelett

Das Skelett der Vögel ist sowohl im Bau seiner Einzelelemente als auch in seinem gesamten Konstruktionsgefüge weitgehend vom Flugvermögen bestimmt. Die Knochen

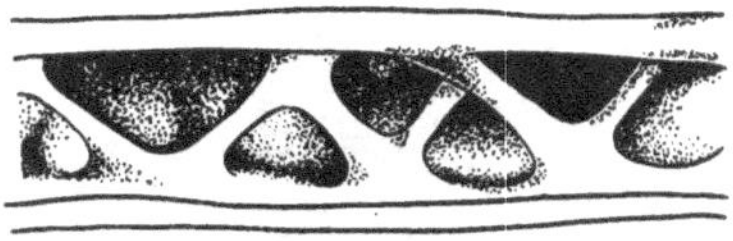

Abb. 9. Strebengefüge in einem Röhrenknochen; Mittelhandknochen aus dem Flügel eines Geiers. (Nach Young)

sind reich an Kalksalzen (vergleichsweise baut sich ein Hasenknochen aus 75 %, ein Taubenknochen aus 85 % Knochenasche auf) und deshalb außerordentlich hart, aber spröde und auch leicht. Um so leicht wie nur möglich zu sein, sind viele Röhrenknochen hohl und lufthaltig. Solche pneumatisierten Knochen enthalten nur wenig Mark und Fett und sind von hellerer Farbe als die nicht pneumatisierten Knochen. Sie erhalten ihre Luft, für deren Eintritt sie besondere Öffnungen besitzen, von der Nasenhöhle oder den Lungen-Luftsäcken. Bei manchen guten Fliegern (Albatros, einige Greifvögel) zeichnen sich auch die funktionell stark beanspruchten Flügel- und Hinterbeinknochen durch Lufthaltigkeit aus, haben allerdings ein vorzügliches inneres Strebengefüge (Abb. 9). Die flugunfähigen Laufvögel weisen dagegen stark markhaltige Knochen auf, jedoch sind auch bei ihnen wenigstens einige Knochen des Kopfes pneumatisch. Verglichen mit gleichschweren Säugern ist deshalb das Skelett eines Vogels stets leichter, so beträgt beispielsweise das Skelett einer Hausmaus etwa 8,4 %, das eines Zeisigs 6,6 % des Totalgewichtes, im Durchschnitt bei den Vögeln etwa 6—9 %.

Das Skelett ist andererseits wegen der hohen Flugbeanspruchung von großer Stabilität: Knorpelmaterial ist weitgehend eingespart, außer Gelenkknorpel weist das Skelett eines erwachsenen Vogels keinen Knorpel auf. Die Röhrenknochen besitzen keine selbständigen Epiphysenknochenkerne, sondern verknöchern beidendig von der Diaphyse aus; viele einzelne Knochen sind zu größeren festen Stücken verschmolzen, so besonders im Schädelbereich und in der Wirbelsäule.

a) Rumpfskelett. An der Wirbelsäule (Abb. 10) unterscheidet man eine Hals-, Brust-, Becken- und Schwanzregion. Die einzelnen Wirbel besitzen eine Reihe von Fortsätzen, die je nach der Lage als Seiten-, dorsale oder ventrale Dorn- und hintere bzw. vordere Gelenkfortsätze bezeichnet werden. Die Neuralbögen aller Wirbelkörper bilden den das Rückenmark aufnehmenden Wirbelkanal. Zwischen den Wirbelkörpern liegen jeweils Zwischenwirbelscheiben. Die meist heterocoelen Wirbel sind durch Sattelgelenke verbunden, die Brustwirbel der Pinguine, Kormorane, Papageien, Möwen und Strandläufer sind opisthocoel, die fossilen *Ichthyornithidae* hatten amphicoele Rumpfwirbel. Insgesamt ist die Skelettachse (mit Ausnahme der Halswirbelsäule) der Vögel kürzer als bei jedem anderen Wirbeltier (von den Fröschen abgesehen); die Wirbelzahl schwankt von 39 (Singvögel) bis 63 (Schwan).

Die Halswirbelsäule ist sehr beweglich, S-förmig gebogen und von unterschiedlicher Länge. Die Zahl der Halswirbel schwankt von 11 (Gattung *Strix*) bis 23—24 (*Cygnus*). Der erste Halswirbel (Atlas) besitzt eine Gelenkpfanne für den Hinterhaupthöcker, zusammen mit dem

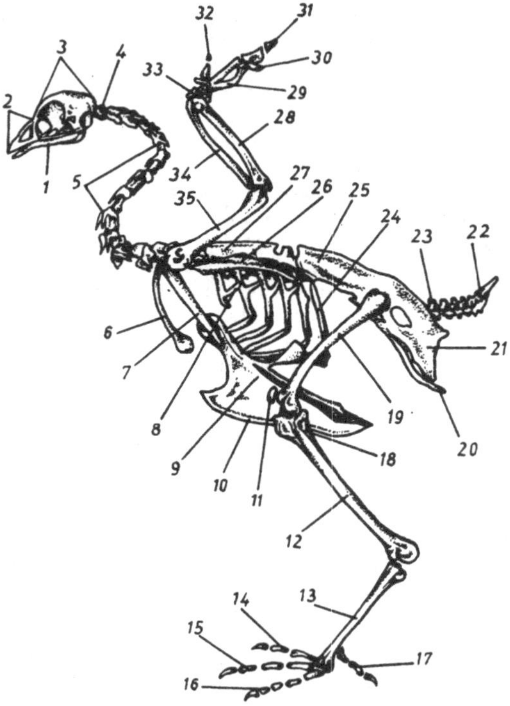

Abb. 10. Skelett des Huhnes. (Nach Freye)

1 Unterkiefer
2 Gesichtsschädel
3 Hirnschädel
4 Atlas
5 Halswirbel
6 Schlüsselbein
7 Rabenschnabelbein
8 Hakenfortsatz
9 Brustbein
10 Brustbeinkamm
11 Kniescheibe
12 Schienbein
13 Laufbein
14 2. Zehe
15 3. Zehe
16 4. Zehe
17 1. Zehe
18 Wadenbein
19 Oberschenkel
20 Schambein
21 Sitzbein
22 Pygostyl
23 Schwanzwirbel
24 Rippen
25 Darmbein
26 Schulterblatt
27 verschmolzene Brustwirbel
28 Elle
29 Mittelhand
30 3. Finger
31 2. Finger
32 Daumen
33 Handwurzel
34 Speiche
35 Oberarm

zweiten Halswirbel (Axis) verleiht er dem Kopf sehr gute Drehmöglichkeiten bis zu 180°, bei Eulen bis zu 270°, nach jeder Seite. Die Länge der Halswirbelsäule sowie die Beweglichkeit ihrer Einzelelemente gegeneinander ermöglichen dem Kopf in Zusammenhang mit der bedeutenden Kopfgelenkung eine sehr große Beweglichkeit nach allen Richtungen des Raumes, was um so notwendiger ist, als der Kopf für den Vogel ein Universalwerkzeug darstellt (S. 31).

Die Brustwirbelsäule ist stets kürzer und weniger beweglich als der vorhergehende Abschnitt. Alle Brustwirbel, deren Zahl von 3—10 innerhalb der Klasse der Vögel schwanken kann, tragen „echte" Rippen, d. h. solche, die das Brustbein erreichen. Vielfach verschmelzen die Wirbel zu einem einheitlichen Skelettstück (Os dorsale; Notarium), wobei allerdings der letzte Brustwirbel stets frei bleibt. Die Ausbildung eines Notariums erhöht die Stabilität des Brustkorbes, die für die Tätigkeit der hier ansetzenden Flugmuskulatur von Bedeutung ist.

Die Kreuzbeinwirbelsäule besitzt ursprünglich zwei Wirbel (Acetabularwirbel), die zur Verbindung mit den Knochen des Beckengürtels dienen. Aus der Lenden- und auch aus der Schwanzregion treten aber noch eine Reihe von Wirbeln zu diesen beiden primären Sacralwirbeln hinzu, so daß insgesamt 10—22 Kreuzbeinwirbel diesen Abschnitt der Wirbelsäule bilden. Sie verschmelzen alle zu einem langen, starren Kreuzbein (Synsacrum), das nicht nur den Hinterextremitäten einen festen Ansatz bietet, sondern auch der Aufrichtung und dem, bei der Bipedie funktionell wichtigen, Halt der Skelettachse dient. Die Zahl der am Aufbau des Synsacrum beteiligten Wirbel läßt sich an den Knochenspangen erkennen, die das Kreuzbein mit dem Darmbein des Beckengürtels verbinden und die den Querfortsätzen der Wirbel bzw. auch Sacralrippen entsprechen. Der Rückenmarkskanal erfährt hier im synsacralen Abschnitt eine starke Erweiterung für eine in dieser Region deutlichen Anschwellung des Rückenmarks.

Die Schwanzwirbelsäule wird von etwa 9—12 Wirbeln aufgebaut, von denen die ersten 5—7 frei beweglich und die übrigen zu einem pflugscharähnlichen Steißknochen (Pygostyl) verschmolzen sind, an dem die Steuerfedern ansitzen. Den Flachbrustvögeln fehlt ein echter Steißknochen, nur der Strauß hat noch eine einigermaßen entwickelte Endplatte. Bei Spechten und beim Pfau ist sie dagegen von beachtlichen Ausmaßen.

Die Rippen (Costae) gelenken mittels ihres Kopfes (Capitulum) am Wirbelkörper und mittels eines sog. Tuberculum am Querfortsatz ihres zugehörigen Wirbels. Die vordersten Rippen (Halsrippen) erreichen meistens das Brustbein nicht. Die echten Rippen haben jeweils einen vertebralen und einen sternalen Abschnitt, die in einem nach vorn offenen Winkel zueinander stehen. Beim Einatmen vergrößert sich dieser Winkel dadurch, daß das Brustbein von der Wirbelsäule entfernt wird. Wie bei manchen Reptilien ist bei allen Vögeln jede Rippe (außer dem letzten Rippenpaar) mit einem nach oben und hinten gerichteten Hakenfortsatz (Processus uncinatus) versehen, der sich mit seinem freien Hinterende über die nächstfolgende Rippe legt und mit dieser membranös verbunden ist. Die Hakenfortsätze geben dem Brustkorb eine beträchtliche Festigkeit, sie dienen aber auch den Zwischenrippenmuskeln als hebelgünstiger Ansatz.

Das Brustbein (Sternum) bildet den unteren knöchernen Abschluß des Brustkorbes (Thorax). Es ist meist ein sehr großer Knochen, breit und nach außen gewölbt; sehr häufig reicht es über die Brustregion nach hinten hinaus. Sein Rand kann tief eingeschnitten sein und auf diese Weise lange Fortsätze ausbilden (z. B. Hühnervögel). Zur Anheftung der mächtigen Flugmuskulatur besitzt das Brustbein für zusätzliche Muskelanheftung einen kräftigen, ventralen Kamm oder Kiel (Crista sterni oder Carina), der nur den flugunfähigen straußenähnlichen Vögeln fehlt. Der Besitz oder Nichtbesitz einer solchen Carina führte zur systematischen Aufstellung der *Carinatae* (Kielbrustvögel, Mehrzahl der Vögel) und *Ratitae* (Flachbrustvögel), eine Einteilung, die heute weitgehendst aufgegeben ist (System der Vögel, S. 103 ff.). Aus funktionellen Gründen liegt der

Gesamtkörperschwerpunkt beim Vogel im Bereich des Brustbeins.

b) Kopfskelett. Der Schädel (Cranium; Abb. 12) der Vögel zeichnet sich gegenüber dem aller anderen Wirbeltierschädel durch sehr frühzeitige, innige Verwachsung aller beteiligten Knochenelemente, hauptsächlich im Hirnschädelbereich, aus. Funktionell wird er durch die Aufnahme des Gehirns und der wichtigsten Sinnesorgane, vor allem der sehr großen Augen, und besonders durch die Schnabelgestaltung bestimmt. Der Schnabel dient ja zur Nahrungsaufnahme, auch zur Zuführung und Abgabe der Atemluft und vor allem zur Greiffunktion beim Nestbau, Eierwenden, Gefiederordnen, zur Verteidigung usw. Der Schädel besitzt deshalb eine sehr gute Beweglichkeit mit seinem am unteren Rande des großen Hinterhauptloches befindlichen einen Gelenkhöcker in der Atlaspfanne; der Oberkiefer bzw. Zwischenkiefer (Incisivum) mit dem Nasenbein als knöcherne Grundlage des Oberschnabels sind darüber hinaus noch gegenüber dem Gehirnschädel beweglich gelagert, weil inmitten der nasalen Fortsätze des Incisivum und im Nasenbein eine dünne, elastische Biegungsstelle liegt. Der Vogel wird dadurch in die Lage versetzt, seinen Oberschnabel auf- und abzubewegen. Bei Entenvögeln ist an der Biegungsstelle noch ein Knochenspalt lateral im Nasenbein angebracht, wodurch eine Art Gelenk gebildet wird. Beim Flamingo ist sogar nur noch der anatomische Oberschnabel beweglich, der bei der Nahrungsaufnahme physiologisch als Unterschnabel funktioniert (Abb. 11). Schnepfen haben noch eine zusätzliche Beweglichkeit in der Schnabelspitze. Die Oberschnabel-Bewegung wird durch ein doppeltes Schubstangensystem gefördert: das bewegliche Quadratbein überträgt dabei über die spangenartigen Flügel- und Gaumenbeine einerseits und das stabförmige Jochbein andererseits seine Vorwärtsbewegung. Das Quadratbein selber wird beim Senken des Unterschnabels durch das

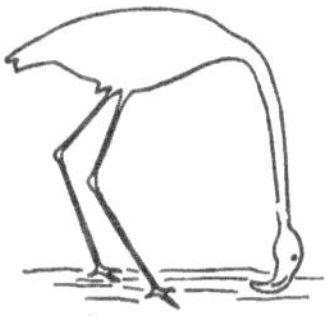

Abb. 11. Gründelnder Flamingo. (Nach Böker, verändert)

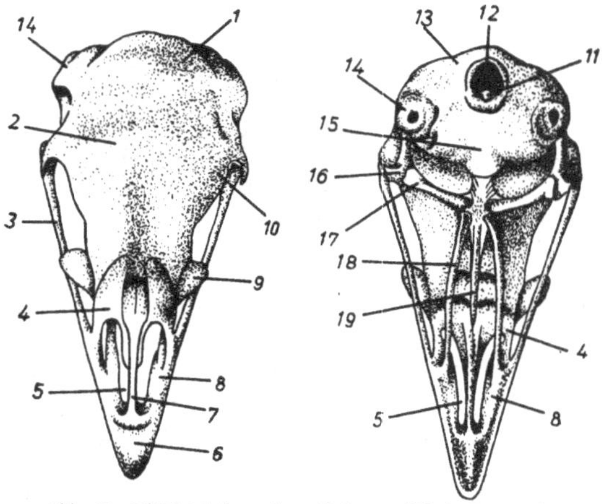

Abb. 12. Schädelskelett eines Huhnes. (Nach Freye)

1 Scheitelbein
2 Stirnbein
3 Jochbein
4 Nasenbein
5 Nasenöffnung
6 Zwischenkieferbein
7 Fortsätze des Zwischenkieferbeines
8 Oberkiefer
9 Tränenbein
10 Schläfenbein
11 Hinterhaupthöcker
12 Hinterhauptloch
13 Hinterhauptbein
14 Gehörkapsel
15 Keilbein
16 Quadratbein
17 Flügelbein
18 Gaumenbein
19 Pflugscharbein

Articulare des Unterkiefers, mit dem es das sog. primäre Kiefergelenk bildet, nach vorn gedrückt (Abb. 13). Schnabelöffnen ist also gleichzeitiges Oberschnabel-Heben und Unterschnabel-Senken.*) Oberschnäbel mit auffallend größeren Aufsätzen (Pfefferfresser, Nashornvögel) sind trotz des manchmal wuchtigen Aussehens leicht, weil sie sich aus hohlen Knochenzellen aufbauen. Die Schnabelform und Feinstruktur ist im übrigen weitgehend anatomischer Aus-

*) Ein accessorisches Anlagerungsgelenk — einmalig bei den Tetrapoda — ist von einigen Vögeln kürzlich beschrieben worden (*Colius*, *Rhynchops*); es ist ein Basi-Articulargelenk und besitzt einen unregelmäßig begrenzten Gelenkspalt.

druck für die Nahrungsgewohnheiten (vgl. Abb. 8).

Die großen Augen beeinflussen die Schädelform in hohem Maße. Sie bedingen eine Aufwölbung des Gehirnschädels nach oben und stehen so eng aneinander, daß die dünne knöcherne Scheidewand zwischen beiden Augen nicht selten sogar durchbrochen ist (u. a. bei Greifvögeln, Entenvögeln, Tauben usw.). Das Gehirn ist interessanterweise bei vielen Vögeln derart von Sinusräumen umgeben, daß gewissermaßen eine doppelte Knochenhülle ausgebildet wird. Neben der Erhöhung der Druckfestigkeit, die schon durch die innige Verschmelzung der Schädelknochen erreicht wird, ist darin sicher auch ein Wärmeschutz für das Gehirn zu sehen.

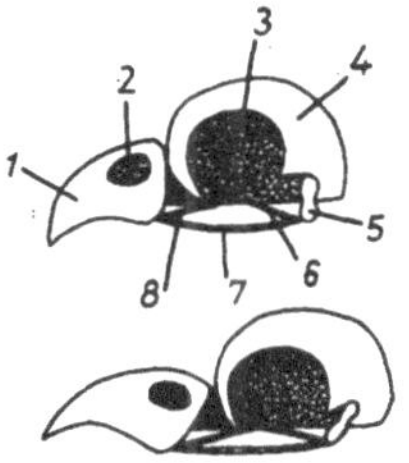

Abb. 13. Bewegung des Oberschnabels (Schema). (Nach Boas aus Ellenberger-Baum)
1 Zwischenkieferbein
2 Knorpeliger Teil der Nasenscheidewand
3 Interorbitalplatte
4 Hirnschädel
5 Quadratbein
6 Flügelbein
7 Jochbein
8 Gaumenbein

Die recenten Vögel entbehren der Zahnausbildung (dagegen Abb. 47), was eine Gewichtseinsparung und einen Wegfall schwerer Organe im peripheren Kopfbereich bedeutet. Zusammen mit der allgemeinen geringen Schwere des Kopfes ist dies eine wichtige Voraussetzung für ein gutes Fliegen.

c) Gliedmaßenskelett. Eine besonders starke Anpassung an das Flugvermögen haben die dem Fliegen dienenden Vorderextremitäten der Vögel erfahren. Der Schultergürtel ist betont kräftig und über ein bewegliches Gelenk mit dem Brustbein verbunden. Er besteht aus dem Rabenschnabelbein (Coracoid), Schlüsselbein (Clavicula) und Schulterblatt (Scapula), die wie alle Knochen der Aufhängegürtel in paariger Anordnung vorliegen. Die Rabenschnabelbeine als kräftigste Knochen des Schultergürtels steigen vom Brustbein, mit dem sie sich jeweils durch ein Sattelgelenk verbinden, etwa in Verlängerung der Brustbeinfläche nach oben an. Sie haben dem Muskelzug und -druck der großen Brustmuskulatur zu parieren, sind mit dem Schulterblatt knorpelig verbunden und bilden mit ihm die Gelenkgruben für den linken und rechten Oberarmkopf. Die Schlüsselbeine sind zarte, stabförmige Knochen, die sich nach der Körpermittelebene zu (medial) einbiegen und mit ihrem unteren Ende (ventral) miteinander zu einem V-förmigen, unpaaren Knochenstück, dem Gabelbein (Furcula), verschmelzen. Von der Vereinigungsstelle aus ist das Gabelbein häufig über Bandapparate mit der vorderen Spitze des Brustbeinkammes verbunden, bei Störchen, Reihern, Kranichen knöchern mit dem Brustbein verwachsen; oft fehlt aber überhaupt jede Verbindung mit dem Sternum. Insgesamt liegt das Gabelbein zwischen den divergierenden Rabenschnabelbeinen, die es bei den Zugbeanspruchungen federnd unterstützt. Bei Vögeln mit gering entwickelter Brustmuskulatur wie z. B. bei den Laufvögeln (Strauß, Nandu), beim Kiwi, aber auch bei den madagassischen Stelzenrallen *(Merites)* und beim Wellensittich ist das Gabelbein daher nur noch ligamentös oder völlig geschwunden. Die Schulterblätter sind in der Regel lange, schmale, säbelförmige Knochenstücke, die parallel der Wirbelsäule rückenseitig frei über dem Brustkorb liegen. Bei guten Fliegern reichen sie bis zur letzten Rippe. Sie erlauben, daß der Brustkorb die für die Atmung notwendigen Bewegungen vollführen kann, ohne daß dabei die Rabenschnabelbeine ihre wichtige Haltefunktion verringern.

Das Skelett der Vordergliedmaßen hat trotz Beibehaltung des Grundbauplanes der Wirbeltierextremität einen bedeutenden Umbau in Anpassung an die Flug-Funktion des Armes erfahren. Der Oberarm (Humerus) ist der kräftigste Flügelknochen; er ist um so kürzer, je stärker die an ihm sitzende Muskulatur ist. Mit seinem Kopf liegt er in der vom Rabenschnabelbein und Schulterblatt gebildeten Gelenkpfanne. Dieses Kugelgelenk erlaubt die für die Tätigkeit des Flügels notwendige Bewegungsfreiheit; allerdings ist eine kopfwärtige Bewegung stark begrenzt.

Der Unterarm wird von den beiden Knochen Elle (Ulna) und Speiche (Radius) gebildet, wobei die Ulna stets viel kräftiger als der Radius ist, weil sie den Armschwingen als Stütze dient. In Ruhestellung sind Ober- und Unterarm so gewinkelt, daß beide fast parallel seitlich am Brustkorb ruhen; das Ellenbogengelenk zeigt dabei nach hinten. Die sich an den Unterarm anschließenden zwei Handwurzelknochen (Carpalia), die zwei an ihren Enden miteinander verschmolzenen Mittelhandknochen (Metacarpalia) und die nur rudimentär ausgebildeten Finger bilden das Handskelett, das den Handschwingen zum Ansatz dient. Der den Afterflügel tragende Daumen kann aus 1 oder 2 Gliedern (Phalangen) bestehen, der zweite Finger, der immer der längste ist, aus 2 oder 3, der dritte Finger nur aus 1 Glied. Der erste und zweite, selten auch der dritte Finger können bei recenten Vögeln wenigstens embryonal Krallen tragen, die in einigen Fällen auch beim erwachsenen Tier erhalten bleiben (S. 24). Ein vierter und fünfter Finger samt ihren zugehörigen Mittelhandknochen fehlen den Vögeln völlig. Gerade das Handskelett zeigt durch die vielfachen Rückbildungen und auch Verschmelzungen deutlich, wie die Vorderextremität des Vogels anatomisch an die Funktion des Flugvermögens angepaßt ist.

Der Beckengürtel besteht aus 3 Knochenpaaren: Darmbein (Ilium), Sitzbein (Ischium) und Schambein (Pubis). Sie sind untereinander so innig verwachsen und zusammen auch mit dem Kreuzbein verschmolzen, daß beim erwachsenen Vogel nur ein großer Knochen (Synsacrum) auszumachen ist. Das Besondere am Vogelbecken ist die Tatsache, daß es nach unten (ventral) offen bleibt (Ausnahmen Strauß und Nandu), da Sitz- und Schambein fast parallel nach hinten gerichtet sind und keine Symphyse bilden. Die flugunfähigen Strauße und Nandus haben dagegen in Anpassung an ihr hervorragendes Laufvermögen eine Beckensymphyse ausgebildet. Das Becken dient den Hinterextremitäten als Ansatzfläche; in einer Gelenkpfanne, die von allen drei Knochenelementen gemeinsam begrenzt wird und häufig nur membranös verschlossen ist, wird der Oberschenkelkopf aufgenommen. Bei der Zweifüßigkeit der Vögel hat ihr großes, bis an die letzten Rippen reichendes Becken die wichtige Aufgabe, beim Sitzen und Laufen die Wirbelsäule in ihrer Lage und damit den ganzen Vogel aufrecht zu halten. Da die Wirbelsäule schräg nach vorn-oben geneigt ist (und nicht wie beispielsweise beim Menschen in sich auf dem Becken ruht) „muß" das Vogelbecken langgestreckt sein und die Wirbelsäule bis zur Brustregion, d. h. bis in Nähe des Schwerpunktes des Vogelkörpers, haltend umgreifen. Die allgemeine Beckenform ist bei Lauf- und Klettervögeln relativ am breitesten, bei guten Schwimmern (Lappen- und Seetaucher) am schmalsten. Häufig ist sie durch den unterschiedlichen gegenseitigen Abstand der beiden Schambeinenden in den Geschlechtern unterschiedlich gestaltet (beim Weibchen wegen Eiablage größer als beim Männchen).

Der selten pneumatische Oberschenkel (Femur) ist stets kürzer als der Unterschenkel. Der kräftige Knochen hat einen meist schwach gebogenen Schaft, von dem der Kopf fast rechtwinklig abgebogen ist. Der Unterschenkel setzt sich wie der Unterarm aus zwei Knochen zusammen: Schienbein (Tibiotarsus) und Wadenbein (Fibula). Das Besondere des Schienbeins ist, daß es distal mit zwei Fußwurzelknochen verschmilzt und stets viel stärker als das schwache, z. T. nadelförmig dünne, stets rückgebildete Wadenbein ist; vielfach reicht das Letztere nicht mehr bis zum unteren Ende des Schienbeins. Danach folgt ein Knochen, den es nur bei Vögeln gibt: als Laufbein (Tarso-Metatarsus) bezeichnet ist er das Verschmelzungsprodukt aus der völligen Vereinigung der Mittelfußknochen II—V und der übrigen Fußwurzelknochen. Der Mittelfußknochen I ist rudimentär, auf die Hinterseite des Laufbeins gedrängt und trägt den Daumen; der Mittelfußknochen V dagegen verkümmert frühzeitig. Durch die Verbindung der Fußwurzelknochen mit dem Tibiotarsus einerseits und dem Tarso-Metatarus andererseits liegt das Fußwurzelgelenk der Vögel (wie bei den Reptilien) inmitten des Tarsus (Fußwurzel) zwischen den Fußwurzelknochen und muß deshalb als Intertarsalgelenk bezeichnet werden. Normalerweise kommen bei den Vögeln 4 Zehen vor. Die erste Zehe (Daumen) ist meist nach hinten gerichtet, wenn sie nicht überhaupt verkümmert; bei Seglern, Pinguinen und Ruderfüßlern zeigt sie nach vorn. Auch die 4. Zehe kann nach hinten verlagert sein, so bei Spechten und Papageien; bei Kuckucksvögeln, Mausvögeln, Eulen und beim Fischadler kann sie als Wendezehe willkürlich nach hinten oder vorn gewendet werden. Die Zehenglieder (Phalangen) nehmen an Zahl vom 1. zum 4. Finger zu: der Daumen hat 2, die zweite Zehe 3, dritte 4 und vierte Zehe 5 Glieder.

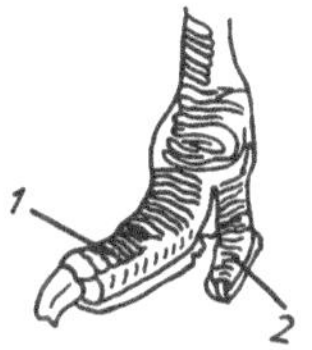

Abb. 14. Linker Fuß eines Straußes. (Verändert nach Quiring)
1 Große (2.) Zehe
2 Kleine (3.) Zehe

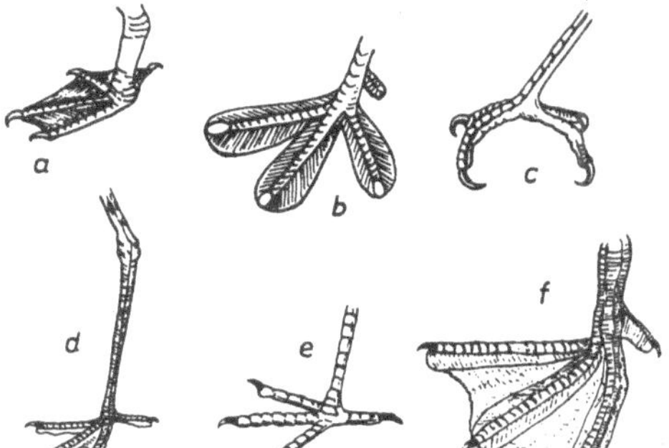

Abb. 15. Fußtypen der Vögel. (Nach Leunis)
a Ruderfuß vom Pelikan (Pelecanus onocratulus)
b Spalt-Schwimmfuß vom Zwergtaucher (Podiceps ruficollis)
c Kletterfuß vom Wendehals (Jynx torquilla)
d Watbein vom Schwarzstorch (Ciconia nigra)
e Gangfuß der Rabenkrähe (Corvus corone)
f Schwimmfuß vom Zwergsäger (Mergus albellus)

Bei allen Zehen ist die letzte Phalange krallentragend. Beim Strauß fehlt neben dem Daumen auch noch die zweite Zehe, so daß dessen Lauffuß nur noch aus der mächtig entwickelten dritten und der kleineren vierten Zehe besteht (Abb. 14). Verschiedene Fußtypen zeigt Abb. 15. Durch die Ausgestaltung des Laufbeins besitzt die Hinterextremität des Vogels 3 Gelenkstellen. Das Kniegelenk — das äußerlich nicht sichtbar ist, weil es in den Rumpf einbezogen ist — befindet sich zwischen Ober- und Unterschenkel; das Intertarsalgelenk liegt zwischen Unterschenkel und Laufbein und das Zehengelenk schließlich ist zwischen Laufbein und Zehen.

3. Die Muskulatur und Bewegung

Die kräftigsten Muskeln des Vogelorganismus sind zur Versorgung der Extremitäten im Brust- und Beckenabschnitt zu finden; demgegenüber treten die übrigen Muskeln zurück. Entsprechend der Beweglichkeit der Wirbelsäule ist die Wirbelsäulenmuskulatur nur im Halsabschnitt verhältnismäßig stark entwickelt, was der funktionellen Beanspruchung dieser Region entspricht; im übrigen Wirbelsäulenbereich ist sie dagegen nur wenig ausgeprägt. Auch die Bauchmuskulatur ist dünn und schwach. Die Schwanzmuskulatur dient zum Ausbreiten der Steuerfedern, zum Aufwärts-, Abwärts- und Seitwärtsbewegen des Schwanzes und ist besonders kräftig bei Spechten und beim Pfau. Die Kopfmuskulatur ist unbedeutend, obwohl gerade sie taxonomisch wertvolle Aufschlüsse gibt. Lippen-, Wangen- und Nasenmuskeln fehlen. Nur die Kiefermuskeln sind stark, sie ermöglichen die Schnabelbewegungen.

Die mächtigsten Muskeln des Vogels sind die zur Betätigung der Flügel dienenden Brustmuskeln. Gewichtsmäßig machen sie ebensoviel oder mehr als die gesamte übrige Körpermuskulatur aus. Der Brustbeinkamm ist ihre vergrößerte Ansatzfläche am Brustbein. Der große Brustmuskel (Musculus pectoralis major) dient dem Senken des Flügels und damit der Hubwirkung beim Fliegen. Er entspringt an der äußeren Partie der Crista sterni und findet auf der Unterseite des Oberarmkopfes seinen Ansatz. Der kleine Brustmuskel (Musc. pect. minor) entspringt unterhalb des großen ebenfalls am Brustbeinkamm. Mit einer langen Sehne zieht er auf die Oberseite des Oberarmes (Abb. 16) und kann somit als Gegenspieler des großen Brustmuskels den Flügel heben. Beuge- und Streckmuskeln, besonders für das Ellenbogengelenk, sowie Rotatoren bewirken zusammen mit dem Heber und Senker die für die Flügeltätigkeit notwendige Vergrößerung und Verkleinerung der aktiven Flügelfläche.

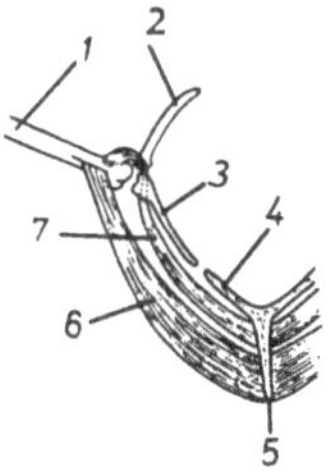

Abb. 16. Bewegungsmechanismus der vorderen Extremität. (Verändert nach Storer aus Freye)
1 Oberarm
2 Schulterblatt
3 Rabenschnabelbein
4 Brustbein
5 Kamm des Brustbeines
6 Großer Brustmuskel
7 Kleiner Brustmuskel

Die Muskeln der hinteren Extremität, die am Becken und Schenkel konzentriert sind, haben nicht die große Bedeutung wie die Flugmuskeln. Das Laufbein und die Zehen werden nicht von Muskeln umfaßt. Vielleicht kann diese Tatsache als Anpassung zur Vermeidung unnötiger Wärmeabgabe aufgefaßt werden, da ja diese Körperpartien unbefiedert sind. Hier verlaufen deshalb nur lange starke Sehnen (besonders bei Stelzenvögeln), die mitunter verknöchern können. Der Zehenbeugemuskel besitzt eine sehr lange Sehne, die vom Oberschenkel abwärts vorn über das Knie, hinten über das Intertarsalgelenk zieht und jeweils auf der Zehenunterseite ansitzt (Abb. 17). Wenn ein Vogel sich auf einen Ast, Stange oder dgl. setzt und niederhockt, erfolgt dabei mittels Sehnenzug zwangsläufig eine Umklammerung der Unterlage. Bestimmte Sperrmechanismen, die erst gelöst werden, wenn das Tier aus der Hocke geht, halten die

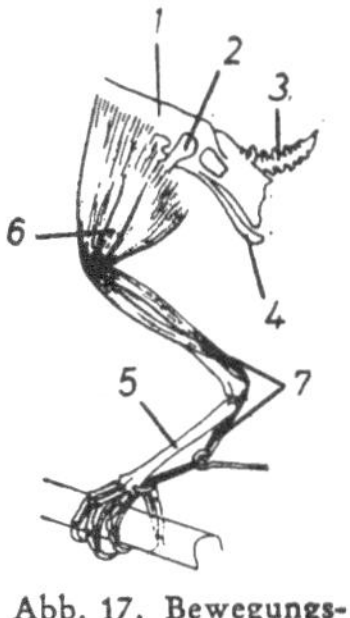

Abb. 17. Bewegungsmechanismus der hinteren Extremität. (Verändert nach Storer aus Freye)
1 Becken
2 Oberschenkel
3 Schwanzwirbel
4 Schambein
5 Laufbein
6 Zehenbeugemuskel
7 Lange Sehne von 6

Sehne in ihrer Lage. Dadurch können die Tiere ohne Muskelarbeit sich festklammern und ausruhen.

Die Hautmuskulatur, die sich aus einer Vielzahl kleiner Muskelindividuen aufbaut, dient dem Sträuben und Niederlegen des Gefieders, den Bewegungen der Federfluren und der Spannung der beiden elastischen Hautfalten des Flügels. Die vordere Flughaut (Propatagium) spannt sich als Hautfalte zwischen Unter- und Oberarm, die hintere Flughaut (Postpatagium) zwischen Oberarm und Rumpf aus. Ihre Eigenelastizität bewirkt das Heranziehen von Ober- und Unterarm an den Rumpf.

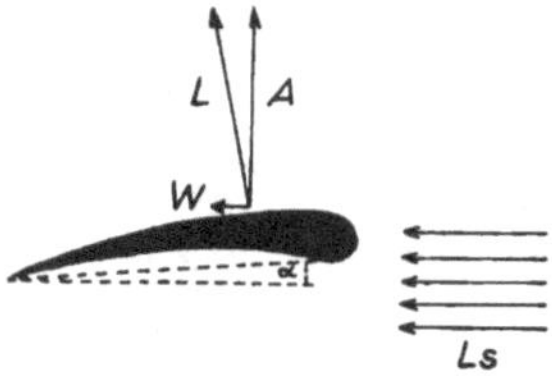

Abb. 18. Kräfteparallelogramm an einem ruhenden Vogelflügel. (Nach Stolpe und Zimmer)

A Auftrieb
L Luftkraft
W Rücktrieb
Ls Luftstrom
α Anstellwinkel

a) Vogelflug. Alle Organe oder Organteile sind in irgendeiner Weise dem Flugvermögen des Vogels angepaßt. Von der physikalischen Seite ist der stromlinienförmige, mit Federn bedeckte Vogelkörper besonders für die Fortbewegung durch die Luft geeignet; er ist als ein Körper geringsten Widerstandes zu bezeichnen. Die Gestaltung der Flügel, insbesondere des Flügelprofils bedingen, daß der Vogel durch Sog (auf der Flügeloberseite) und Druck (auf der Unterseite) senkrecht zur Anblasrichtung gehoben wird. Dieser Auftrieb und auch der vom Flügel selbst gegebene Widerstand sind nicht immer gleich; er hängt wesentlich vom Anstellwinkel der Flügelprofilsehne ab (Abb. 18). Die Größe des Anstellwinkels darf ein bestimmtes Maß (etwa 15 °) nicht überschreiten. Bei weiterer Vergrößerung müssen das Spiel des Daumenfittichs (S. 19) und das Spreizen der Handschwingen die auf der tragenden Oberseite auftretenden Wirbelbildungen kompensieren. Die Größe der Flugarbeit steht in umgekehrtem Verhältnis zur Luftdichte. Vögel größerer Höhen (z. B. Alpendohle, -krähe, Kolkrabe) haben deshalb gegenüber ihren Verwandten größere

Flügellängen und Breiten der Handschwingen. Die Flächenbelastung eines Flügels in ihrer umgekehrten Abhängigkeit von Körpergewicht und Flügelfläche steigt in etwa mit zunehmendem Gewicht. Bei einem Goldhähnchen beläuft sie sich auf 1,1 kg/m², bei einem Schwan 20 kg/m².

Theoretisch kann man sich die Phylogenese des Vogelflugs aus greifspringenden über flatterspringende bis zu den fliegenden Formen entstanden denken. Bei den rezenten Vögeln sind mehrere biologische Typen des Vogelflugs zu unterscheiden. Die wichtigsten davon sind folgende:

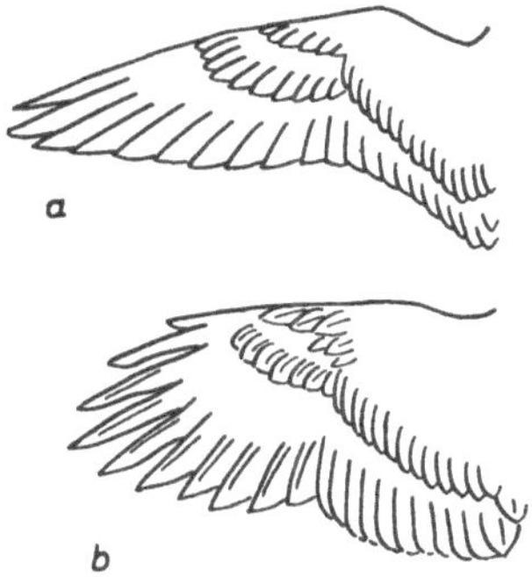

Abb. 19. Schnellflügel (a) eines Wanderfalken (Falco peregrinus) und Hubflügel (b) eines Hühnerhabichtes (Accipiter gentilis); jeweils linker Flügel von dorsal. (Umgezeichnet nach Fuertes aus Stresemann)

1. Ruderflug: Flugarbeit besteht in möglichst großer und ausgiebiger Hubarbeit. Körpergröße der Vögel sehr verschieden. Flügelform sehr mannigfaltig; trotzdem lassen sich 2 Typen unterscheiden: Hubflügel mit Verlängerung und Verbreiterung der Schwungfedern bei Vögeln kleiner Größe, mit Streckung des Armes und Vermehrung der Zahl der Armschwingen bei großen Flügeln. Hubflügel insgesamt mit kurzem Hand- und breitem Armfittich, für große Flugwendigkeit, rasches Bremsen, langsamen Flug. Schnellflügel mit steifen Handschwingen, schmaler geschlossener Flügelspitze und schmaler Flügelfläche. Insgesamt mit langem Hand- und kurzem Armfittich, für große Geschwindigkeiten (Abb. 19).

Ruderflug bei Vögeln oberhalb von Drosselgröße mit annähernd gerader Flugbahn; Flügel schwingt in Teilen, Niederschlag und Hebung gehen gleitend ineinander über. Bei kleineren Vögeln schlägt Flügel in seiner ganzen Fläche; Flug nicht stetig, sondern ruckweise, in Wellenlinie. Nach den Armproportionen lassen sich ferner noch primitiver Ruderflug und spezialisierter Ruderflug unterscheiden. Primitiver Ruderflug: Oberarm kürzer als rund ³/₄ der Rumpflänge (z. B. Finken,

Lerchen, Drosseln, Goldammer). Spezialisierter Ruderflug: Oberarm länger als rund ³/₄ der Rumpflänge (z. B. Tauben, Seeschwalben, Regenpfeifer, Eichelhäher, Krähen).

Eine abgewandelte Form des Ruderfluges ist der Fliegenschnäpper- oder Bogenflug vieler Kleinvögel. Hüpfender Flug mit wellenförmiger Flugbahn. Beschleunigungsantrieb

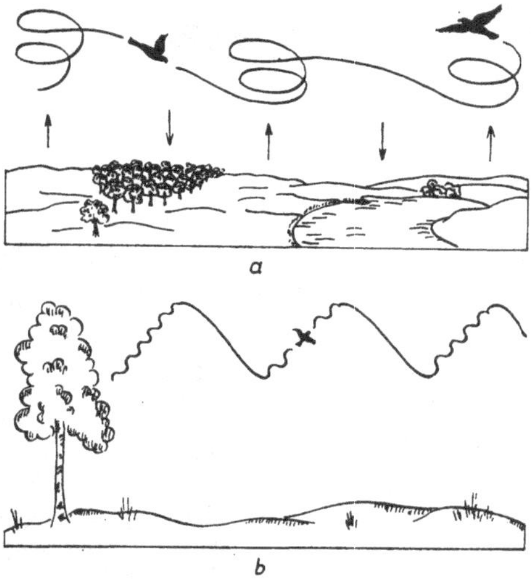

Abb. 20. Schematische Darstellung des Segelfluges (a) und des Fliegenschnäpperfluges (b). (Kombiniert nach mehreren Autoren)

durch Serie schneller Flügelschläge (Flügeltriller), Anlegen der zusammengefalteten Flügel an den Körper, bogenförmiger Flug bis zum neuerlichen Flügeltriller (z. B. bei Schnäppern, Stelzen, Finken, Spechten) (Abb. 20).

2. Schwirrflug: Ein Ruderflug mit sehr großer Schlagfrequenz (50 pro sec.). Besonders Handschwingen wirken als Hubschraube, ermöglichen bei unbewegter Luft ein Stehenbleiben, senkrechtes Auf- und Absteigen (z. B. bei Goldhähnchen, Kolibris).

Der Rüttelflug ist in der Wirkung gleich, nur ist es ein Flug auf der Stelle bei bewegter Luft, wobei im Idealfall Gegenwind gleich Eigenbewegung ist (z. B. Turmfalke, Mäusebussard, Fischadler, Eisvogel, Seeschwalbe). Der Steigflug der Lerche ist ein abgewandelter Rüttelflug.

3. Segelflug: Gleitflug in Aufwind. Große Vögel mit langem Oberarm (Länger als Rumpflänge), stark ausgeschnittenen, am gespreizten Flügel getrennten Fahnen. Beim statischen Segelflug Ausnutzung thermischer Aufwinde. Segeln in Spiralen (Geier, Adler, Störche, Kraniche, Raben) (Abb. 20 a). Beim dynamischen Segelflug Ausnutzung der Turbulenz des Windes über dem offenen Meer; im Gegensatz zu den statischen Segelfliegern Unterarm relativ kürzer, Flügel lang und schmal (z. B. Albatros).

Hinsichtlich der Flugleistungen der Vögel sind die Angaben in der Literatur sehr unterschiedlich.

Die Fluggeschwindigkeiten sind sehr wesentlich von den Windverhältnissen abhängig, die gemessenen Werte sind deshalb meist nur Relativgeschwindigkeiten. Trotzdem können als Durchschnittsmaße (nicht Höchstwerte, die immer nur für kurze Zeit erreicht werden, z. B. Wanderfalke beim Stoß 250 km) angegeben werden: Sperlinge 30, Tauben, Möwen, Krähen 50, Enten 70—120, Mauersegler 150 km/Std. Bei Zugvögeln gehen die Tagesleistungen während des Zuges meist nicht über 60 km bei Singvögeln, 200 km bei Störchen und 500 km bei Schnepfenvögeln hinaus; andererseits legt ein fütternder Mauersegler etwa 1000 km pro Tag zurück. Noch unsicherer sind unsere Kenntnisse über die Flughöhen. Beim Zug werden normalerweise 200—500 m eingehalten; jedoch sind Kondore schon bei über 7000 m, Wildgänse bei angeblich 10 000 m angetroffen worden.

b) Lauf- und Schwimmbewegungen. Das Laufen besteht in einem Abstoßen vom Boden mit dem einen und Auffangen des nach vorwärts gedrückten Körpers mit dem anderen Bein. Gleichzeitig mit dem Aufsetzen erfolgt wieder ein Abstoßen. Bei manchen Vögeln kann die Laufbewegung mit einem rhythmischen Kopfnicken verbunden sein (z. B. Wasserralle, Teichhuhn). Durch Streckung im

Intertarsalgelenk kommt es bei jedem Schritt zu einer geringen Hebung des Körpers, gleichzeitig zu einer Verlagerung des Schwerpunktes, der in die Sagittalebene des Stützbeines wandern muß. Dabei werden die Beine entweder in die Körper-Medianebene gesetzt und der Körper bewegt sich geradlinig vorwärts (z. B. Fasan) oder der Schwerpunkt wird infolge breitbeinigen „Watschelns“ immer von einem auf das andere Bein übertragen (z. B. Enten; vgl. auch Abb. 21). Bei den großen schweren Laufvögeln sind die Beinmuskeln besonders stark (besonders die Strecker) und

Abb. 21. Bewegungsphasen einer laufenden Wasserralle (Rallus aquaticus). (Verändert nach Sigmund)

das Hüftgelenk ist fast bis unter die Körpermitte vorgezogen. Ein laufender Emu beispielsweise erreicht immerhin eine Stundengeschwindigkeit bis zu 50 km.

Beim Schwimmen ist die Lage des Vogelkörpers auf der Wasseroberfläche weitgehend durch die Schwerpunktlage bestimmt. Sehr tief eingetaucht liegen z. B. die Taucher, eine sehr hohe Schwimmlage nehmen die Möwen oder Gänse ein. Als „Schwimm-Motor“ dienen entweder die Vorderextremitäten („Flugschwimmen“ der Pinguine oder auch Alken) oder die Beine. Je weiter die Beine nach hinten verlagert werden können („Heckantrieb“), um so besser ist das Schwimmvermögen. Das ist anatomisch weniger durch Kaudalverlagerung des Hüftgelenkes als vielmehr durch sehr schmale Beckenausbildung mit extremer Näherung der Hüftgelenkspfannen erreicht (z. B. Steißfüße,

Säger). Beim Oberflächenschwimmen bewegt sich zumeist der Unterschenkel fast nur horizontal vor und zurück. Als Kraftüberträger wirkt der Lauf mit dem Schwimmfuß, dessen wirksame Ruderfläche beim Vorziehen zusammengelegt wird. Auch bei den Schwimmbewegungen nicken manche Vögel im Rhythmus der Beinbewegungen mit dem Kopf (z. B. Bläßhuhn).

Eine Reihe von Vögeln hat ein vorzügliches Tauchvermögen erlangt. Dabei ist wiederum zu unterscheiden zwischen Flügeltauchern, die aus dem Flug zum Tauchen ansetzen (z. B. Eisvögel, Seeschwalben, Fischadler, Sturmtaucher, Pelikane; Ausnahme Pinguine), und Fußtauchern, die aus der Oberflächenschwimmlage zum Tauchen kommen (z. B. Schwimmenten, Kormoran, Bläßhuhn, Tauchenten, Steißfüße, fossile Hesperornis).

4. Das Nervensystem und die Sinnesorgane

Das Nervensystem hat die Aufgabe, eine Kontaktaufnahme des Organismus mit der Umwelt herzustellen sowie das harmonische Zusammenwirken der einzelnen Teile des Körpers zu ermöglichen. Das Gehirn ist die übergeordnete Zentrale aller Organtätigkeiten. Es füllt die Schädelhöhle völlig aus. An Volumen übertrifft es das Gehirn gleichgroßer Reptilien, erreicht aber nicht den Aufbau der Säugerhirne. Mit dem Rückenmark ist es von 2 Hirnhäuten überzogen, dies sind von außen die derbe Dura mater und die Meninx secundaria, von der Blutgefäße in Gehirn und Rückenmark eindringen. Beide Häute sind durch loses, fettreiches Gewebe voneinander getrennt. Innerhalb der Klasse der Vögel ist die Differenzierungshöhe des Gehirns außerordentlich variabel. Zwar besitzen unter verwandten Arten große Vertreter auch relativ größere Großhirne, jedoch haben z. B. unabhängig vom Körpergewicht die Raben eine etwa 5mal größere Masse der Hemisphaeren als die Hühner. Die Vermehrungszahlen, die angeben, um das Wievielfache das erwachsene Gehirn das Geburtsgehirn übertrifft, betragen beim Huhn 4,5, für die Rabenarten

21,5. Trotz fast gleicher Brutzeit (Huhn 21, Kolkrabe 20—21, Saatkrähe 17—20 Tage) muß die individuelle Hirnentwicklung bei den Tieren mit größerer Hirnmasse länger dauern; deshalb machen Vögel mit hoher Gehirndifferenzierung ein völlig abhängiges Nesthockerstadium durch. Umgekehrt sind die Vögel mit selbständigen, nestflüchtenden Jungtieren mit weit weniger starker Gehirndifferenzierung versehen. Den beiden Hälften des Großhirns (Telence-

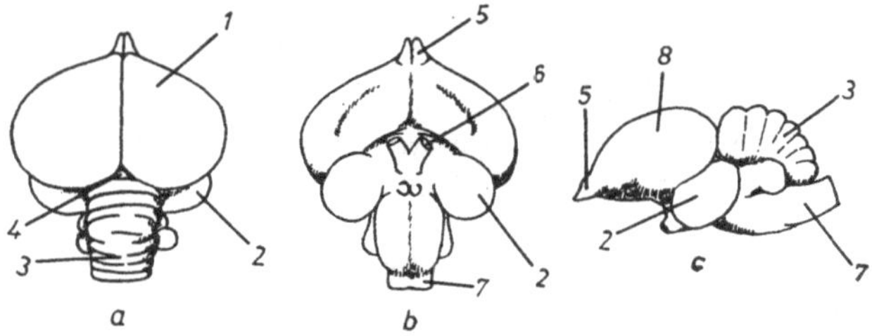

Abb. 22. Das Gehirn vom Haushuhn; a von oben, b von unten, c von der Seite. (Nach Freye)

1 Rechte Hemisphaere des Großhirns
2 Sehhügel
3 Kleinhirn
4 Epiphyse
5 Riechlappen
6 Sehnerv
7 Nachhirn
8 Großhirn

phalon) fehlen völlig irgendwelche Furchen oder Windungen. Die Größe der Hemisphaeren beruht auf einer sehr starken Vergrößerung der Basalkerne (= Corpus striatum), die jeweils den rechten bzw. linken Ventrikel fast ausfüllen. Die darüber liegende graue Substanz (Pallium) ist verhältnismäßig dünn. Wir können deshalb mit einiger Sicherheit annehmen, daß bei den Vögeln die Assoziationszentren und höheren Integrationsorte der komplizierten Instinkthandlungen im Corpus striatum zu suchen sind. Das Großhirn stülpt sich nach vorn in einen linken und rechten hohlen Riechlappen (Lobus olfactorius) aus (Abb. 22), deren Hohlräume mit dem Ventrikelsystem in

Verbindung stehen. Beim Kiwi sind die Riechlappen recht groß, bei den meisten Papageien fast kaum noch ausgebildet.

Das Zwischenhirn (Diencephalon) steht besonders im Dienste der Regelung des Wasserhaushaltes und bei den Vögeln wie bei den Säugern auch der Temperaturregulation. Darüber hinaus ist es eine wichtige Schaltstation für die von und zu den Hirnhemisphaeren gehenden Impulse. Eine dorsale Ausstülpung stellt die Epiphyse dar, die stark nach hinten verlagert ist. Bei manchen Vögeln (z. B. Huhn, Taube) ist dicht davor auf frühen Embryonalstadien die Anlage eines Parietalorgans nachweisbar, das mit dem unpaaren Scheitelauge der Reptilien homologisiert werden kann. Die wichtigste Differenzierung des Zwischenhirns ist die ventral gelegene Hirnanhangsdrüse (Hypophyse), die wie die Epiphyse eine Drüse innerer Sekretion und ein wichtiger Teil des Hormonalsystems ist.

Das Mittelhirn (Mesencephalon) ist die Endstelle der Sehnervenbahnen, die, vom Auge her kommend, in seinem Dach (Tectum opticum) enden. Entsprechend der überragenden Bedeutung des Gesichtssinnes hat dieses Dach einen erheblichen Umfang erlangt und bildet zwei auffällige Hügel (Sehlappen = Lobi optici), die seitlich etwas herabhängen und innen hohl sind.

Das Kleinhirn (Metencephalon, Cerebellum) ist stark entwickelt, reich gefaltet und legt sich mit seinem vorderen Teil über das Mittelhirndach. Es ist das Koordinationszentrum für die Bewegung und sehr wichtig für die Erhaltung des Gleichgewichtes. Das Fliegen als dreidimensionale Bewegung bedingt ein entsprechend großes übergeordnetes Zentrum, und die besten Flieger haben im allgemeinen die relativ größten Kleinhirne (z. B. das Cerebellum der Greifvögel ist relativ etwa um das 3fache größer als das der Hühnervögel).

Das Nachhirn (Myelencephalon, Medulla oblongata) ist dem Rückenmark sehr ähnlich, aber durch eine starke Biegung von ihm abgesetzt. Der Zentralkanal des Marks weitet sich hier zu einer rautenförmigen Grube aus, die mit den Hohlräumen der übrigen Gehirnabschnitte in Verbindung steht. Im Nachhirn entspringt die Mehrzahl der 12 Gehirnnerven und in ihm liegen auch die meisten Zentren vegetativer Funktionen.

Die zwölf Hirnnerven sind paarig und enthalten z. T. nur sensible oder nur motorische Nervenfasern, z. T. sind sie gemischte Nerven. Die ersten beiden sind keine typischen Nerven, sondern Gehirnbahnen; auch der zwölfte Gehirnnerv ist kein eigentlicher Gehirnnerv, er entsteht aus mehreren Rückenmarksnerven. Die Aufgabe der Gehirnnerven sind:

1. Der Riechnerv (Nervus olfactorius) ist die Vereinigung der Fortsätze der in der Nasenhöhle ausgebreiteten Riechzellen. Sie treten in den Riechlappen des Vorderhirns.
2. Der Sehnerv (N. opticus) setzt sich aus den Ganglienfasern der Netzhautsinneszellen zusammen. Die linke und rechte Sehbahn überkreuzen sich in einem sog. Chiasma, sie enden vorwiegend in den mächtigen Sehlappen des Mittelhirns.
3. Der gemeinsame Augenmuskelnerv (N. oculomotorius) entspringt dem Mittelhirn ventral, und mit Ausnahme des oberen schrägen Augenmuskels ist er für die Innervierung der Augenmuskeln, des oberen Augenlides und der Nickhautdrüse verantwortlich.
4. Der Rollmuskelnerv des Auges (N. trochlearis) verläßt ebenfalls das Mittelhirn. Er versorgt den oberen Augenmuskel.
5. Der dreigeteilte Nerv (N. trigeminus) geht wie alle übrigen noch folgenden Nerven aus dem verlängerten Mark hervor. Als gemischter Nerv setzt er sich aus 3 Ästen zusammen: Der erste Ast versorgt motorisch und sensibel Stirnhaut, vordere Schnabelpartien, Nasenhöhle, Nasenöffnungen, Schnabelrücken und Schleimhaut des Munddaches. Der zweite Ast ist rein sensibel und nimmt von der Bindehaut des Auges und den oberen und unteren Lidern sowie der Tränendrüse und den seitlichen Gaumenpartien die Empfindungen auf. Der dritte Ast schließlich gibt als gemischter Ast Fasern zur Schleimhaut des Schnabelwinkels, den Mundhöhlendrüsen und zum Unterschnabel ab. Der Trigeminus wird ergänzt bei den von ihm innervierten Gebieten durch den VII. Gehirnnerven.
6. Der Augenmuskelnerv (N. abducens) leitet motorische Impulse an die Nickhaut- und Augapfelmuskeln.

7. Der Antlitznerv (N. facialis) ergänzt sich mit dem V. und z. T. VIII. Gehirnnerv zur sog. „Facialisgruppe“ bei der Innervation vor allem des Nasenhöhlenbodens, der Nasenscheidewand, des hinteren Gaumens, des Unterkiefers bis zum Hals. Seine beiden Äste sind vorwiegend motorisch.
8. Der Gehörnerv (N. stato-acusticus) erfüllt eine doppelte Aufgabe, indem er mit einem Ast die akustischen Reize aus der Cochlea des Innenohrs aufnimmt und mit einem anderen Ast die statischen Reize von den Schweresinnesstellen des Innenohres zu den Zentren der Bewegungskoordination im Kleinhirn leitet.
9. Der Zungenschlundkopfnerv (N. glossopharyngeus) wird von Ästen des VII. und X. Nerven unterstützt und zieht gemischt zur Zunge, zum Zungengrund und zur Rachenhöhle, einige Fasern zum oberen und unteren Kehlkopf. Er ist der eigentliche Geschmacksnerv.
10. Der Umherschweifende Nerv (N. vagus) und
11. der Beinerv (N. accessorius), der nur ein Ast vom X. ist, beeinflussen als Grundlage des Eingeweidenervensystems die Funktion von Halsmuskulatur, Speiseröhre, unterem Kehlkopf, Schilddrüse, Bronchien, Lungen, Herz, Drüsen-, Muskelmagen und den gesamten Bauchraum.
12. Der Unterzungennerv (N. hypoglossus) entspringt mehrwurzelig dem verlängerten Mark, vereinigt sich z. T. mit dem IX. Nerv sowie den ventralen Wurzeln des ersten Halsnerven. Als Gesangsnerv innerviert er den unteren Kehlkopf (Syrinx) und versorgt motorisch die Zunge sowie motorisch und sensorisch die Luftröhre.

Das Rückenmark liegt geschützt in dem von der Wirbelsäule gebildeten Wirbelkanal, den es bis in die Schwanzwirbel hinein fast vollständig ausfüllt. Die Zahl der paarigen, mit je einer oberen (dorsalen) und unteren (ventralen) Wurzel entspringenden, Rückenmarksnerven entspricht der Wirbelzahl. Jeweils zwischen zwei Wirbeln, mit Ausnahme der beiden letzten Schwanzwirbel, verlassen die Spinalnerven beiderseits den Wirbelkanal. Die Dicke des Rückenmarks ist insofern unterschiedlich, als im Bereich der Ursprungsstellen der die vorderen und hinteren Gliedmaßen versorgenden Nerven Anschwellungen auftreten, die als Halsanschwellung (Intumescentia cervicalis) und Lendenanschwellung (I. lumbalis) bezeichnet werden (Abb. 23), Die am Ende des Halsabschnittes liegende cervicale Anschwellung ist am stärksten bei den flugtüchtigen Vögeln, beim Strauß dagegen, wie bei anderen Laufvögeln auch, ist sie kaum ausgebildet. Die Lendenanschwellung weist zusätzlich zu der Vermehrung der nervösen Substanz noch einen locker gebauten Gewebspfropf auf, der die dorsale Längsfurche des Rückenmarks zu einer, sich über etwa 6 Wirbelabschnitte des lumbosacralen Bereichs erstreckenden, rautenförmigen Vertiefung erweitert und einen Speicher für tierische Stärke (Glykogen) darstellt. Die charakteristische Schmetterlingsfigur der zentral gelegenen grauen Substanz im Rückenmarksquerschnitt ist für die Vögel dadurch abgewandelt, daß von den Vorderhörnern eine Gruppe motorischer Zellen abgegliedert und in die weiße Substanz an die Basis der vorderen Nervenwurzel verlagert ist. Obwohl das Rückenmark eines Huhnes dreimal schwerer als das eines gleichgewichtigen Karpfens ist, zeigt es doch noch wie bei allen Vögeln eine bemerkenswerte Selbständigkeit als Zentralnervensystem und Unabhängigkeit vom Gehirn; ein geköpftes Huhn kann noch laufen, eine enthauptete Ente noch eine Weile schwimmen.

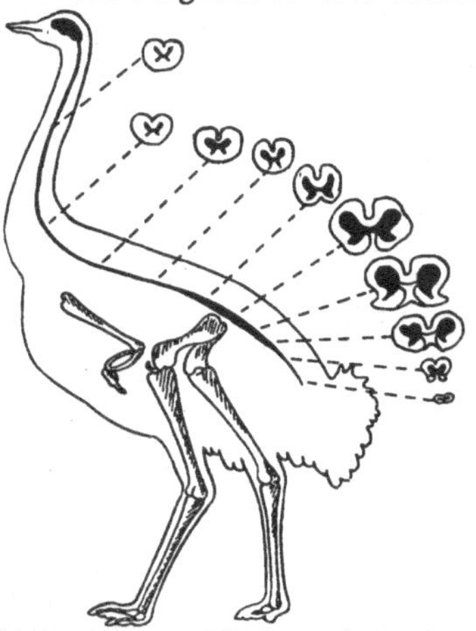

Abb. 23. Gehirn und Rückenmark vom Strauß (Struthio camelus). (Nach Edinger aus Quiring)

Die Sinnesorgane der Vögel sind von unterschiedlicher Wichtigkeit. Am bedeutendsten ist das Auge, danach folgt das Ohr, mit Abstand rangieren dann die Sinnesorgane für Riechen, Schmecken und Tasten.

Das Auge der Vögel weist einen hohen Grad der Vollkommenheit auf. Der Augapfel ist relativ sehr groß; größer als bei allen anderen Wirbeltieren füllt er die knöcherne Augenhöhle fast vollständig aus und weicht von der Kugelgestalt erheblich ab. Die Hornhaut ist stark vorgewölbt und sitzt dem Augapfel gewissermaßen kappenartig auf (vgl. Abb. 24). Die derbe Sklera enthält in dem nach vorn vorgewölbten Abschnitt des Augapfels einen Knochenring (Sklerotikalring), der aus einer größeren Zahl (meist 14; Hühnervögel, Singvögel, Reiher) dünner Knochenschuppen aufgebaut ist. Tauben, Papageien, Kuckucke besitzen weniger, Gänsevögel und Greifvögel mehr Skleralschuppen. Der dioptrische Apparat (Cornea, Linse, Glaskörper) entwirft ein reelles, umgekehrtes und verkleinertes Bild, wobei besonders der Linse die wichtigsten optischen Eigenschaften des Vogelauges zukommen. Sie ist im Ruhestand auf Fernsicht eingestellt und hat bei den meisten Vögeln eine große Akkommodationsbreite (Ausnahme Eulen). Die Netzhaut

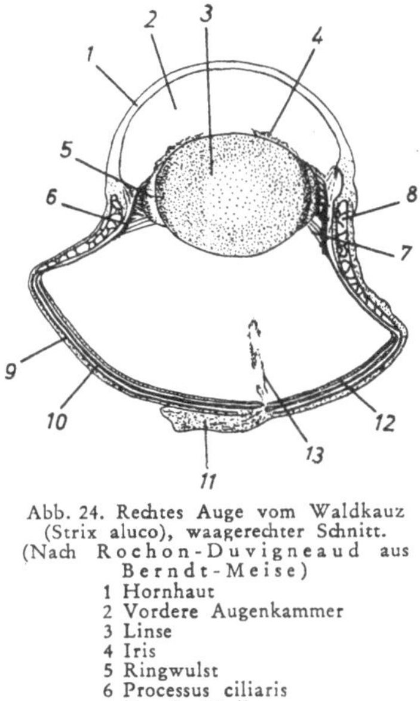

Abb. 24. Rechtes Auge vom Waldkauz (Strix aluco), waagerechter Schnitt. (Nach Rochon-Duvigneaud aus Berndt-Meise)
1 Hornhaut
2 Vordere Augenkammer
3 Linse
4 Iris
5 Ringwulst
6 Processus ciliaris
7 Zonula Zinii
8 Sclerotical-Ring
9 Derbe Bindehaut
10 Aderhaut
11 Sehnerv
12 Netzhaut
13 Pecten

(Retina) enthält Stäbchen und Zapfen als Sehzellen, die auch in den Randzonen reichlich vorhanden sind. In den Zapfen befinden sich gelbe, orange, rötliche (Greifvögel), gelbgrüne oder farblose Ölkugeln, die beim Huhn vom 19. Bebrütungstag ab nachweisbar sind. Vielleicht sind sie eine Art Ergänzungsmaterial für die Regeneration der Zapfensubstanz, vielleicht aber als vorgesetzter Farbfilter ein Sensibilisator für den Zapfen zur besseren Aufnahme der eigenen Farbe. Das Farbensehen ist sicher bei allen Vögeln gut entwickelt, wenn auch erst für einen Bruchteil aller Vögel nachgewiesen (sicher für Huhn, Taube, Wellensittich, Singdrossel, Steinkauz). In den mittleren retinalen Bezirken sind Sehfelder (Areae), bei Möwen und Enten horizontale Sehstreifen, mit besonders gehäuft stehenden Zapfen ausgebildet. Innerhalb der Sehfelder findet man Sehgruben (Foveae) als Stätten des besten Auflösungsvermögens und Bildsehens. Singvögel, Hühnervögel und Enten haben eine, Greifvögel, Papageien sowie Segler zwei und Schwalben und Seeschwalben sogar drei Sehgruben; nur den Haushühnern unter den Vögeln fehlt eine solche Fovea, bei den Wildhühnern ist sie aber da. Als bemerkenswerteste Einrichtung des Vogelauges ist der Fächer oder Kamm (Pecten) zu werten, der, von der Aderhaut stammend, die Netzhaut durchbricht und tief in den Glaskörper hineinragt. Als wellblechartig gefaltetes Organ sitzt er auf der Stelle des blinden Flecks (wo der Augennerv in das Auge tritt). Bei Nachtvögeln und Körnerfressern ist er klein, bei insektenfressenden Tag- und Greifvögeln dagegen von beträchtlichem Ausmaß. Er dient sicher zur Ernährung des Auges, vielleicht auch als Heizkörper; darüber hinaus wirft er einen Gitterschatten auf die Netzhaut, der einem sich bewegenden Lichtstrahl besondere Empfindungsstellen bietet. Dadurch verstärkt er das Bewegungssehen der Vögel. Ruhende aufgebaumte Greifvögel sowie insektenfressende Singvögel (z. B. Rotkehlchen) machen deshalb auch häufig „knicksende" Bewegungen.

Die Bewegungsmöglichkeiten des Augapfels der Vögel sind trotz der Ausbildung der bei Wirbeltieren üblichen

Augenmuskulatur gering, bei den Eulen praktisch unbedeutend. Deshalb wenden gerade die Eulen bei der optischen Fixierung stets den ganzen Kopf. Dennoch können manche Vögel sogar ihre seitlich stehenden Augen nach hinten (rückwärts) drehen, ihr Blickfeld umfaßt demnach 360 ° (Kranich, Rebhuhn, Triel, Kiebitz u. a.). — Besonders die Greifvögel besitzen in ihren vorspringenden Augendeckeln einen vorzüglichen Abblendemechanismus (Adlerblick!). — An Hilfsorganen besitzt das Vogelauge neben den beiden Augenlidern eine Bindehautsfalte, die als Nickhaut aus dem inneren Augenwinkel über das Auge gezogen werden kann. Sie ist meist durchsichtig, bei Eulen weißlich. Von den Augenlidern ist das untere das bei weitem beweglichere (bei Eulen und Papageien das obere), zum Lidschlag wird aber nur die Nickhaut benutzt. An jedem Vogelauge befinden sich schließlich zwei Drüsen; auf der Innenseite des Augapfels liegt die sog. Hardersche Drüse, auf der Außenseite die Tränendrüse. Lidschluß, Bewegungen des Augapfels und Akkommodationsbewegungen laufen bei beiden Augen unabhängig voneinander ab, nicht synchron.

Das Ohr der Vögel ist dreigeteilt. Das äußere Ohr ist durch das gegenüber den Reptilien in die Tiefe verlagerte Trommelfell und die dadurch bedingte Ausbildung eines äußeren Gehörganges gekennzeichnet. Bei Eulen und Greifvögeln umsteht eine trichterartige, aufstellbare Hautfalte mit lichten Reihen kleiner starrer Federn besetzt, den Ohreingang und ermöglicht so eine bessere topographische Fixation der Beute. Bei manchen Eulen kommt dazu noch eine Asymmetrie der Ohren, die sich nicht nur in einer links und rechts unterschiedlichen Ausbildung einer die Ohröffnung begleitenden blind endigenden Grube, sondern auch in einer bedeutenden Verschiebung und unsymmetrischen Ausbildung der umgebenden Knochen ausdrücken kann:

1. Ohrklappe fehlend, Schädel und Ohröffnung symmetrisch bei: Sperbereule, Sperlingskauz, Schnee-Eule, Uhu.
2. Ohrklappe vorhanden, Schädel symmetrisch, Ohröffnung unsymmetrisch bei: Sumpfohreule, Waldohreule, Waldkauz.

3. Ohrklappe vorhanden, Schädel unsymmetrisch bei: Habichtskauz, Lapplandseule, Rauhfußkauz.

Das mittlere Ohr bildet eine geräumige Paukenhöhle aus. Die Columella als einziges Gehörknöchelchen der Vögel setzt sich aus einem knöchernen Stapes und einer knorpeligen Extracolumella zusammen, die beide miteinander verwachsen sind. Die Extracolumella, einem Dreifuß ähnlich, stülpt das dreischichtige Trommelfell zeltartig nach außen (Abb. 25). Die ovale Fußscheibe des Stapes paßt in das ovale Fenster des Innenohres. Die Columella der Vögel ist von der die Paukenhöhle auskleidenden Schleimhaut überzogen, ein Beweis für ihre sekundäre Verlagerung in die Paukenhöhle hinein. Die Bedeutung von Nebenhöhlen liegt in der Übertragung von Druckschwankungen und in der Schallverstärkung. — Das innere Ohr ist Sitz des eigentlichen Gehörorgans und des statischen Organs. Das knöcherne Labyrinth ist ein vollständiger Abguß des häutigen Labyrinthes. Die Schnecke hat gewöhnlich eine kurze, schmale und nur wenig gebogene Konfiguration. Der statischen Funktion dienen drei halbkreisförmig verlaufende Bogengänge, die bei den Vögeln innerhalb der Wirbeltiere relativ am größten sind; ja die der Greifvögel sind sogar absolut größer als die von Mensch, Pferd oder Rind. Die Nervenendstellen des Innenohres (von Schnecke und Bogengängen) sind morphologisch ähnlich, physiologisch aber unterschieden. — Das Hörvermögen der Vögel ist recht gut. Wenn auch der Umfang der perzipierten Tonskala sowie die Empfindlichkeit für Tonunterscheidungen wohl etwas geringer als beim Menschen

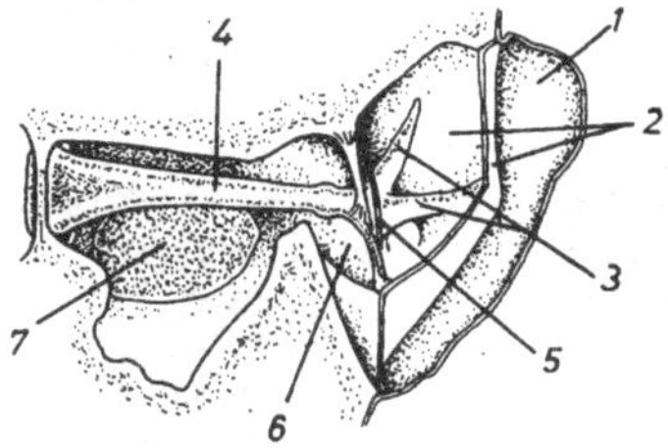

Abb. 25. Rechtes Mittelohr der Gans (Anser domesticus). (Nach Freye).
1 Äußerer Gehörgang
2 Trommelfell
3 Extracolumella
4 Stapes
5 Chorda tympani
6 Paukenhöhle
7 Rundes Fenster

sind, so können sie dennoch Klangfarben unterscheiden und besitzen sogar die Fähigkeit des Erkennens von Tonfolgen und ein Tongedächtnis (vgl. Papagei, Star, Spötter).

Gegenüber den beiden Fernsinnesorganen Auge und Ohr sind die übrigen Sinnesorgane von untergeordneter Bedeutung. Das Tastempfinden ist besonders bei den Vögeln von Bedeutung, die ihre Beute nicht mit dem Auge erkennen (Enten, Spechte, Kolibris, Papageien, Tukane, Schnepfen). Besonders viele Tastkörperchen findet man auf der Zunge und im Schnabel von Entenvögeln und Schnepfen. Über den ganzen Vogelkörper sind ansonsten einzelne Herbstsche Tastkörperchen verteilt.

Das Riechen spielt bei den Vögeln so gut wie keine Rolle. Ein gutes Riechvermögen wird dem Kiwi, aber auch Neuweltgeiern, Sturmvögeln, Enten- und Regenpfeifervögeln zugeschrieben. Die die beiden Nasenhöhlen voneinander trennende Nasenscheidewand ist namentlich bei Wasservögeln durchbrochen. In Anpassung an den dynamischen Segelflug haben die *Tubinares* einen röhrenförmig vorgezogenen Nasenvorhof, dessen Funktion im Zusammenhang mit der aktiven Salzausscheidung (S. 76) gesehen werden muß.

Das Schmecken ist an kleine, auf dem Mundhöhlenboden, dem hinteren Zungenteil, dem weichen Gaumen sowie in der Umgebung des Kehlkopfhügels sitzende, eiförmige bis zylindrische Geschmacksknospen gebunden. Die Vögel unterscheiden wahrscheinlich wie der Mensch süß, sauer, salzig und bitter. Besonders Körnerfresser wie die Hühner sollen unempfindlich für bitter sein, fleischfressende Vögel (z. B. Mäusebussard) sind es nicht.

5. Das hormonale System

Die allgemeine Kenntnis des Menschen von den Hormonen hat mit dem Studium an Vögeln begonnen. Der Deutsche BERTHOLD konnte 1849 an Hühnern zeigen, daß die durch den Verlust ihrer Keimdrüsen entstandenen Kapaune ihr männliches Aussehen (Hahnenkamm, Ohrscheiben, Kehllappen) und ihr männliches Verhalten (Tretlust, Krähen) wiedererlangen, wenn man ihnen irgendwo (z. B. am Hals) Substanz ihrer Keimdrüse einpflanzt. Seitdem sind bis heute die Vögel ein bevorzugtes Studienobjekt der Hormonforschung.

Die Grundlage des hormonalen Systems sind die endokrinen Drüsen. Als solche Drüsen mit innerer Sekretion kommen beim Vogel vor: Hypophyse, Schilddrüse, Nebenschilddrüsen, Nebennieren, Bauchspeicheldrüse, Geschlechtsdrüsen; darüber hinaus besitzen die Vögel auch je eine Epiphyse und Thymusdrüse, doch ist deren Funktion unklar (vgl. Abb. 26).

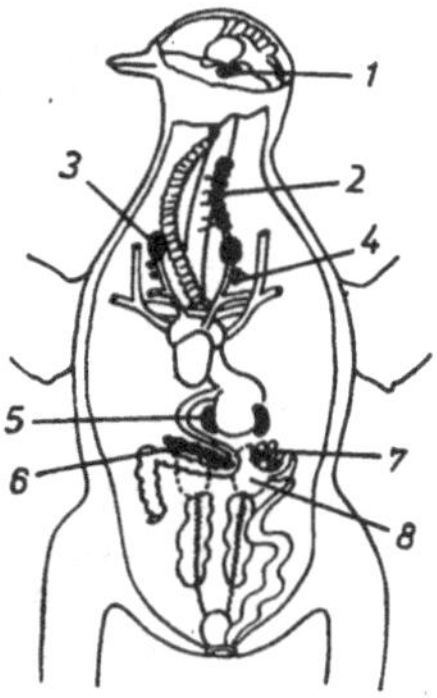

Abb. 26. Lageanordnung der Hormondrüsen beim Vogel; Schema. (Nach Merkel aus Berndt-Meise)

1 Hypophyse
2 Thymus
3 Schilddrüse
4 Epithelkörperchen
5 Nebenniere
6 Bauchspeicheldrüse
7 Eierstock
8 Hoden

Die Hypophyse liegt unmittelbar hinter der Sehnervenkreuzung (Chiasma opticorum) auf der Unterseite des Zwischenhirns in einer Vertiefung des Keilbeines, besteht aus einem Vorder- und einem Hinterlappen (kein Zwischenlappen wie bei Säugern) und ist die den anderen endokrinen Drüsen übergeordnete Hormonlieferantin. Sie produziert über 20 Hormone, die neben der Kontrolle der anderen Hormondrüsen u. a. die Eiablage, den Bruttrieb, bei Tauben Sekretion der Kropfmilch, ferner Wachstum und Blutdrucksteigerung bewirken. Das Hypophysengewicht eines Hahnes beträgt durchschnittlich 13 mg.

Die Schilddrüse (Thyreoidea) ist bei den Vögeln ein paariges Organ von ovaler Gestalt, jederseits der Luftröhre im unteren Halsabschnitt am Eingang zum Brustraum gelegen. Die Größe der beiden Organe schwankt beträchtlich in Abhängigkeit besonders von Jahreszeit, Fortpflanzungssaison, Umgebungstemperatur, Nahrung, Alter und Konstitutionstypus. Das von ihr gebildete Thyroxin ist das verantwortliche Hormon für die Regulierung des Wärmehaushaltes und der Stoffwechselvorgänge, für die Mauserung und das normale Federwachstum sowie für die Auslösung der Zugunruhe.

Die Nebenschilddrüsen kommen bei Hühnern, Tauben, Enten in Vierzahl vor. Sie liegen in unmittelbarer Nachbarschaft hinter den beiden Schilddrüsenkörpern und bilden das Parathormon, das den Kalkstoffwechsel und den Kalkspiegel des Blutes regelt. Während der Legeperiode steigt ihr Gewicht bei Hühnern auf das Vierfache.

Die Nebennieren bestehen wie bei allen Wirbeltieren aus Mark und Rinde, die entwicklungsgeschichtlich verschiedener Herkunft sind, wobei im Gegensatz zu den Säugern das Rindengewebe das Markgewebe strangartig durchflicht. Beide Gewebsanteile erzeugen verschiedene Hormongruppen. Während die Marksubstanz das die Blutverteilung regelnde und den Blutzucker mobilisierende Adrenalin liefert, produziert die Rindensubstanz das Cortin, eine Hormongruppe mit mehreren einzelnen Hormonen, die für die Regelung des Kohlehydrat- und Fettstoffwechsels, des Wasser- und Salzhaushaltes zuständig sind. Als paarige, meist rötlichgelbe, ovoide kleine Körperchen liegen die Nebennieren an der unteren Nierenfläche in Höhe des vorderen Drittels der Nieren.

Die Bauchspeicheldrüse ist im Gegensatz zu den bisher besprochenen reinen endokrinen Drüsen ein Organ mit endo- und exokrinen Funktionen. Als langgestreckte, gelappte Drüse liegt sie in der Zwölffingerdarmschleife. In ihrem Inselgewebe wird das Insulin gebildet, das für den Kohlehydratstoffwechsel verantwortlich ist und im Zuckerhaushalt als Gegenspieler des Adrenalins auftritt.

Die Geschlechtsdrüsen haben ebenfalls doppelte Funktionen. Neben ihrer Hauptaufgabe, der Bildung der Fortpflanzungszellen, liefern sie, in den interstitiellen Zellen der Hoden und des Eierstocks produziert, die Sexualhormone. Im männlichen Geschlecht sind dies das Testosteron, im weiblichen Geschlecht das Follikulin (Östron); beide Geschlechter bilden aber auch die Hormone des anderen Geschlechts aus. Im weiblichen Geschlecht hat man in neuerer Zeit auch Progesteron nachgewiesen, über dessen Funktion im Vogelkörper bis heute jedoch noch nichts bekannt ist. Die Sexualhormone bedingen allgemein die Ausbildung der sekundären Geschlechtsmerkmale. Dabei wirken die Hormone des anderen Geschlechtes auf manche (nicht auf alle) sekundären Sexmerkmale entgegengesetzt. So erlangen Hennen nach Verlust ihres Eierstockes Hahnenfedrigkeit (Arrhenoidie), Hähne können nach Behandlung mit weiblichen Sexualhormonen teilweise oder ganz Hennenfedrigkeit (Thelyidie) zeigen; Kapaune dagegen behalten ihr männliches Federkleid. Weibliche Geschlechtshormone haben bedeutenden Einfluß auf den Phosphor-, Kalk- und Fettstoffwechsel, ferner auf die Ausbildung der Brutflecke und auf das Wachstum des Eileiters.

6. Die Stoffwechselorgane

Die Stoffwechselorgane, zusammengefaßt als Verdauungssystem, Atmungssystem, Kreislaufsystem und Ausscheidungssystem, bilden ein physiologisches Ganzes. Durch die bei den Vögeln sehr häufig anzutreffende Spezialisierung auf eine bestimmte Ernährungsweise zeigt besonders das Verdauungssystem mannigfache Sonderbildungen und Anpassungserscheinungen, die es erlauben, allein auf Grund ihrer anatomischen Struktur Insektenfresser, Körnerfresser, Fruchtfresser, Fischfresser, Nektarfresser u. a. eindeutig zu charakterisieren.

a) Das Verdauungssystem. Es erledigt die Aufgabe der Verdauung (Digestion), unter Beteiligung des Kreislaufsystems auch der Aufnahme der verdauten Nahrung in den Blutkanal (Absorption) und des Umbaues der Nahrung zu körpereigenen Stoffen (Assimilation).

Die Mundhöhle (Cavum oris) mit der vorgelagerten „Schnabelkammer" wird durch Ober- und Unterschnabel, das Mundhöhlendach und den -boden begrenzt. Für alle rezenten Vögel ist charakteristisch, daß Zähne, Lippen und Wangen fehlen. Die Mundhöhle nesthockender Jungvögel ist häufig gelb, orange, rot oder grün gefärbt als Leitmal für ihre fütternden Elterntiere. Das Dach der Mundhöhle, das gleichzeitig den Boden der Nasenhöhle bildet, zeigt in seiner vorderen Hälfte einen Abdruck des Zungenkörpers, das sog. Orbitalfeld, in dem die, eine Verbindung mit der Nasenhöhle herstellende, hintere Nasenöffnung, die Choanenspalte, liegt. Quer über das Dach zieht im hinteren Bereich eine Gaumenpapillenreihe mit nach hinten gerichteten Papillen, die die Grenze zwischen der Mundhöhle und der Rachenhöhle (Schlundkopfhöhle) bildet. Der Mundhöhlenboden trägt die Zunge, die meist mittels eines Zungenbändchens mit ihm verbunden ist. Bei Pelikanen und dem Großtrappenmännchen ist der Mundhöhlenboden sehr dehnbar und bildet einen Kehlsack.

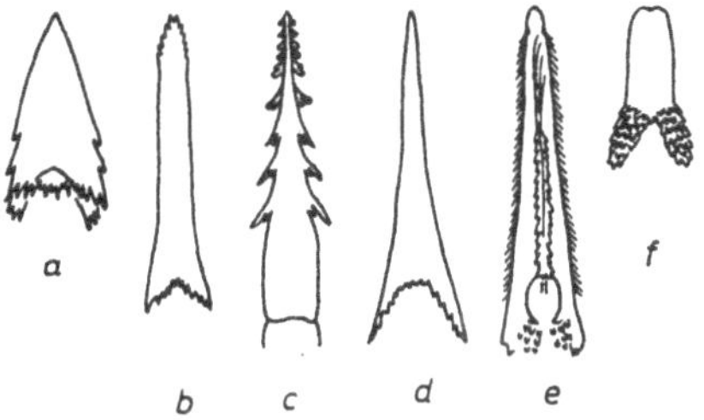

Abb. 27. Zungentypen der Vögel (Schematische Umrisse). (Nach Leunis)
a Pfau (Pavo)
b Wasseramsel (Cinclus)
c Specht (Picus)
d Reiher (Ardea)
e Säger (Mergus)
f Kauz (Strix)

Die Zunge besteht aus dem Zungengrund, der mit dem Zungenbein verbunden ist, und dem Zungenkörper. Sie dient der Mithilfe bei der Nahrungsaufnahme und ferner dem Abschluß des Atemweges dadurch, daß sie sich dem Orbitalfeld fest anlegt und so die Rachenhöhle nach vorn abschließt. In der Regel ist die Zunge verhornt (bei Papageien bleibt sie, äußerst muskulös, an ihrer Oberfläche weich), die Spitze ist häufig gezackt, ausgerandet, pinselförmig oder zweispitzig (vgl. Abb. 27), die Seitenränder sind glatt oder mit Hornzähnen versehen, der Zungengrund ist zumeist an der Oberfläche weich, häufig auch mit Zungenpapillen bestanden. Bei manchen Vögeln bleibt die Zunge recht klein und füllt nicht die Schnabelkammer aus (Wiedehopfe, Ruderfüßler, Sturmvögel, Nashornvögel, Pelikane). Bei den Spechten und Kolibris ist sie besonders lang und kann sehr weit und schnell aus dem Schnabel herausgeschleudert werden. Bei den Spechten, bei denen sie durch klebriges Speicheldrüsensekret zu einer Leimrute werden kann, ist das Zungenbein ein wesentlicher Teil des Schleudermechanismus. Zu diesem Zweck sind die Zungenbeinhörner sehr lang, bilden halsseitig eine Schlinge, umgreifen den Kopf und treten, von oben kommend, zwischen den Augen hindurch in den Oberkiefer ein. Beim Herausschleudern der Zunge wird die Schlingenbildung verkürzt, und die Hörnerenden ziehen sich aus dem Oberkiefer heraus. Die Zunge der Kolibris und Honigsauger bildet eine Saugröhre, die der Entenvögel und Flamingos ist reich an Schwell- und Fettgewebe und stellt mit dem Schnabel einen Seihapparat dar, die Pinguinzunge trägt lange Hornpapillen zum Festhalten der schlüpfrigen Fisch-Beute und die der körnerfressenden Sperlingsvögel dient z. T. dem Enthülsen der Nahrung.

In wechselnder Lage, Anzahl und Größe kommen in der Mundrachenhöhle fast aller Vögel Speicheldrüsen vor. Nur den Ruderfüßlern sollen sie fehlen, Körnerfresser haben dagegen eine reiche Drüsenausstattung. Allgemein ist mit abnehmender Schlüpfrigkeit der Nahrung eine Zunahme der Drüsen zu verzeichnen. In der Familie der Segler wird das an der Luft schnell erhärtende Speicheldrüsensekret als Nestbaukitt verwendet; nur aus Speichel bestehen die Nester der ostasiatischen Salanganen (eßbare Schwalbennester). Bei den meisten Vögeln ist der Speichel lediglich Schleim, bei Finkenvögeln enthält er auch ein stärkespaltendes, diastatisches Ferment.

Die Speiseröhre (Ösophagus) ist in der Regel so lang wie der Hals, mitunter länger (z. B. Hoatzin). Da bei den Vögeln die aufgenommene Nahrung niemals gekaut, sondern verschlungen wird, muß ihre Speiseröhre außerordentlich dehnungsfähig sein, besonders bei den Alles-, Fisch-, Fleisch- und Fruchtfressern (z. B. Ruderfüßler, Möwen, Reiher, Fruchttauben). Bei zahlreichen Vögeln ist der Ösophagus kurz vor seinem Eintritt in die Brusthöhle z. T. stark ausgebuchtet und zu einem sog. Kropf (Ingluvies) erweitert. Diese lokale Ausbuchtung liegt stets vor, im gefüllten Zustand auf dem Gabelbein, ist allerdings bei den verschiedenen Spezies von wechselnder Gestalt und Größe. Bei Greifvögeln, Papageien, Kolibris, Finken, Enten, Hühnervögeln und beim Kormoran und Marabu ist der Kropf eine unpaare Aussackung, bei den Tauben dagegen findet man ein Paar miteinander verbundener Seitentaschen. Wie die Speiseröhre ist er von einem mehrschichtigen Plattenepithel ausgekleidet, das bei Insektenfressern stärker als bei Pflanzenfressern ist. Auch Schleimdrüsen sind in beiden Vorderdarmabschnitten unregelmäßig verteilt. Der Kropf dient bei den Greifvögeln, Aas- und Fischfressern sowie Sperlingsvögeln lediglich als vorübergehendes Nahrungsdepot, er wird bei ihnen auch nur erst gefüllt, wenn der Magen voll ist. Bei den Papageien, Tauben und Hühnervögeln dagegen wird die Nahrung im Kropf stark eingespeichelt, gequollen und durch aus dem Drüsenmagen hierher gelangten, fermenthaltigen Magensaft vorverdaut. Das Plattenepithel des paarigen Kropfes der Tauben verfettet sich während der Brutzeit, und seine obersten Schichten werden als bröcklig-käsige Masse („Kropfmilch") zur Atzung der Jungen laufend abgesondert.

Der Magen ist bei allen Vögeln in einen drüsenreichen, muskelschwachen, manchmal sehr dehnbaren Vormagen (oder Drüsenmagen, Proventriculus) und einen dickwandigeren, muskelkräftigen Muskelmagen (Ventriculus) geschieden. Während der Drüsenmagen (eine nur bei Vögeln vorkommende Bildung) durch die Absonderung eines eiweißspaltenden Fermentes (Pepsin) der chemischen Aufbereitung der Nahrung dient (wobei bei manchen Greifvögeln selbst große Knochen, oder beim Kormoran Fischgräten aufgelöst werden können), ist der Muskelmagen, der dem

Magen der Reptilien entspricht, besonders durch seine mechanische Bearbeitung der Nahrung wirksam. Besonders kräftig und mit einer keratinoiden Schicht ausgekleidet ist der Muskelmagen der Körnerfresser; bei Gänsen, Rallen und beim Strauß ist sogar eine Art Reibeplatte ausgebildet. Zusammen mit aufgenommenen Steinen, die funktionell die Zähne ersetzen, wirkt daher der Muskelmagen wie die Mahlsteine einer Mühle, der Vogel kaut also mit dem Magen. Ganz umgestaltet ist der Ventriculus der Fruchttauben: hier bewirken zahnartige Erhebungen der inneren Magenwand das Abschälen des Fruchtfleisches (z. B. von Muskatnüssen). Bei leicht verdaulicher Kost kann der Muskelmagen rückgebildet werden, so daß er bei einigen Arten nur noch als funktionsloser, eingeschrumpfter Blindsack auftritt (Abb. 28).

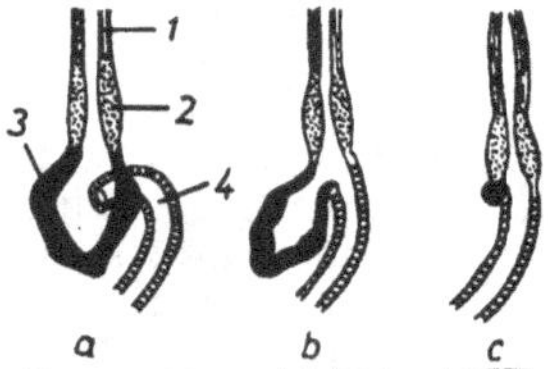

Abb. 28. Unterschiedliche Typen des Muskelmagens von fruchtfressenden Vögeln. (Verändert nach Desselberger aus Berndt-Meise)

a primitiver Mistelfresser (Dicaeidae)
b funktionelle Anpassung an animalische Kost
c funktionslos gewordener Muskelmagen (Tanagra)
1 Speiseröhre; 2 Drüsenmagen; 3 Muskelmagen; 4 Dünndarm

Kein Vogel kann Haare, Federn, Zähne und Chitin seiner Beutetiere verdauen. Soweit die unverdaulichen Nahrungsbestandteile nicht im Muskelmagen zerrieben und durch den Darm ausgeschieden werden, werfen viele Vogelgruppen sie als Speiballen (Gewölle) wieder heraus (Eulen, Greifvögel, Möwen, Nachtschwalben, Segler u. a.). Eulen, Turmfalken und Raubwürger speien auch Knochen mit aus. Wie neuere Untersuchungen haben erkennen lassen, sind die Gewöllebildungen keine Eigenerwerbung der Vögel, sondern auch bei Reptilien schon vorhanden (z. B. bei Krokodilen).

Der Darm liegt vielfach gewunden in der Bauchhöhle, seine Gesamtlänge schwankt außerordentlich je nach Art, Rasse, Alter und Nahrungsaufnahme (Zusammensetzung, Menge, Häufigkeit). Man unterscheidet den Dünndarm und den meist sehr kurzen Dickdarm. Die unmittelbar auf den Magen folgende Zwölffingerdarmschleife als erster Dünndarmabschnitt (Duodenum) liegt stets auf der rechten Bauchseite. In ihren wiederaufsteigenden Schenkel münden

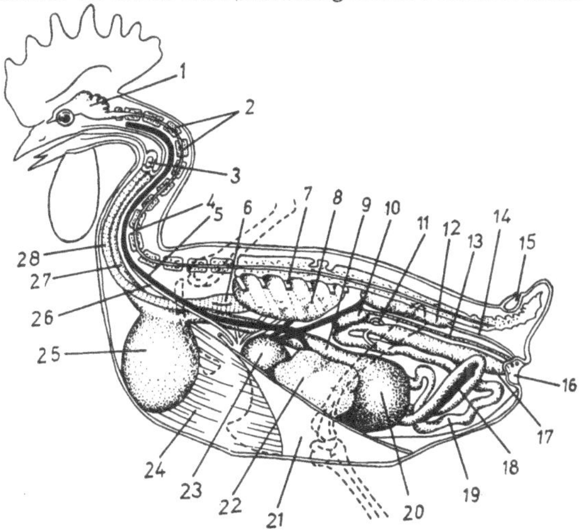

Abb. 29. Innere Anatomie eines Haushahns (Gallus domesticus). (Verändert nach Storer aus Freye)

1 Gehirn	11 Blinddärme	21 Brustbein
2 Halswirbel	12 Niere	22 Leber
3 oberer Kehlkopf	13 Samenleiter	23 Herz
4 Rückenmark	14 Harnleiter	24 Flugmuskulatur
5 Halsvene	15 Bürzeldrüse	25 Kropf
6 unterer Kehlkopf	16 Kloake	26 Halsschlagader
7 Rippen (abgeschnitten)	17 Enddarm	27 Speiseröhre
8 Lunge	18 Bauchspeicheldrüse	28 Luftröhre
9 Drüsenmagen	19 Dünndarm	
10 Hoden	20 Muskelmagen	

in der Regel die Ausführungsgänge von Bauchspeicheldrüse und Leber (bzw. Galle) ein (Abb. 29).

Die Bauchspeicheldrüse (Pankreas) wird von den beiden Schenkeln der Zwölffingerdarmschleife umfaßt. Sie ist im Rahmen der Wirbeltiere bei den Vögeln relativ am größten. Als blaßgelbe bis rötliche, schmale Drüse, meist aus 3 Lappen bestehend und mit 2 oder 3 Ausführungsgängen versehen, sondert sie nicht nur den eiweiß-, fett- und kohlenhydratspaltende Fermente enthaltenden Bauchspeichel ab, sondern steht auch im Dienste des hormonalen Systems (S. 57).

Die Leber (Hepar) ist dunkelbraun, sehr leicht brüchig und ebenfalls außerordentlich groß. Sie besteht meist aus 2 Lappen, von denen der rechte gewöhnlich größer als der linke ist. Die Leber nimmt einen großen Teil der vorderen und mittleren Körperhöhle ein, ihre beiden Lappen umfassen noch die Herzspitze. Jeder Lappen besitzt für sich eine Pfortader, Leberarterie und einen eigenen Gallengang, wobei der rechte sich zu einer tütenförmigen Gallenblase erweitert. Tauben, Perlhuhn, manche Papageien und Kolibris, Strauß und Nandu besitzen keine Gallenblase.

Der auf den Zwölffingerdarmabschnitt folgende Dünndarm im engeren Sinne (Ileum) enthält zahlreiche Zotten, ferner sekretliefernde „Becherzellen" und undifferenzierte „Hauptzellen" in den Schleimhautfalten. Bei den einzelnen Arten ist er in unterschiedlich zahlreiche Schlingen gelegt, übertrifft an Länge aber stets die übrigen Abschnitte des Darmkanales (Ausnahme Strauß).

Der nun folgende Dickdarm (Intestinum crassum) ist relativ kurz, nicht sehr viel weiter als der Dünndarm und von diesem durch eine kreisförmig angeordnete Schleimhautfalte getrennt. Dicht hinter dieser Grenze münden die fast immer paarigen Blinddärme (Caeca). In primitiver Ausbildung sind sie lang, dünnwandig und physiologisch Teile des Verdauungsapparates (Rabenvögel, Rakken, Bienenfresser, Seetaucher, Nachtschwalben u. a.). Für Verdauungszwecke eingerichtete und mit zerstreuten Haufen eingelagerter Lymphfollikel versehene, vergrößerte Caeca haben Hühnervögel, Gänse, Rallen, Kraniche, Eulen u. a. Bei den Greifvögeln, Papageien, Tauben, Spechten, Reihern, Sturmvögeln, Eisvögeln, Hopfen, Seglern u. a. sind die Blinddärme funktionslos, sehr klein oder völlig fehlend. Mit einem Funktionswechsel verbundene, zu lymphoepithelialen Organen umgebildete kleine Caeca kommen schließlich bei den Sperlingsvögeln, einigen Limicolen und einigen Tauben (Gattung *Columba)* vor. Bei Hühnern, Gänsen u. a. sind die Blinddärme der Hauptort der Zelluloseverdauung; sie resorbieren hier auch Wasser und gelöste Abbauprodukte des Eiweißes, sie haben eine eigene Peristaltik und entlassen einen mehr flüssigen, schlecht riechenden Kot. Auf eine Blinddarmentleerung kommen beim Huhn 4—11 normale Darmentleerungen.

Der Enddarm (Rectum) ist sehr kurz, zieht gerade die Wirbelsäule entlang nach hinten und dient im wesentlichen der Kotaustrocknung und -ansammlung. Strauß und Nandus besitzen einen windungsreichen, langen Enddarm (länger als Dünndarm), dessen Aufgaben teilweise denen des Ileums entsprechen. Zum Ende hin erweitert sich das Rectum in die Kloake. Als Harn-Kotbehälter, den auch die Geschlechtsprodukte passieren müssen, ist die Kloake eine sackartige Erweiterung des letzten Enddarmabschnittes. Durch 3 Ringfalten ist sie in 3 Abteilungen gegliedert (Abb. 30). Ihr geräumiger Kotraum (Coprodaeum) sammelt wie der Enddarm die Exkremente, in den sehr kleinen Harnraum (Urodaeum) münden von oben auf warzenartigen Erhebungen die beiden Harnleiter (S. 76) und seitlich von ihnen die Samenleiter bzw. der Eileiter (S. 81), die letzte Kloakenabteilung, der Endraum (Proctodaeum),

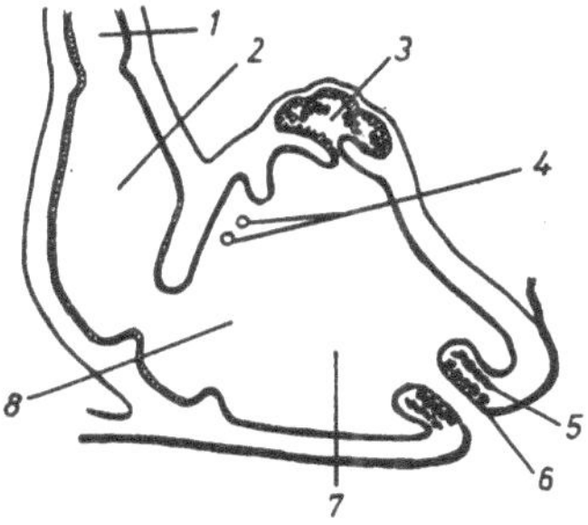

Abb. 30. Kloake einer jungen Taube. (Halbschematischer Längsschnitt nach Clara)

1 Enddarm
2 Kotraum (Coprodaeum)
3 Bursa Fabricii
4 Mündungen des Harn- u. des Samenleiters (bzw. Eileiters)
5 Kloaken-Ringmuskel
6 Schleimdrüsen
7 Endraum (Proctodaeum)
8 Harnraum (Urodaeum)

ist ektodermaler Herkunft und aus der Einstülpung der äußeren Haut entstanden. In das Proctodaeum mündet die zwischen ihm und der Wirbelsäule gelegene Bursa Fabricii, ein lymphoides, sackförmiges Organ wechselnder Größe und Gestalt. Sie ist nur bei jungen Vögeln beiderlei Geschlechts entwickelt und schwindet, mit Ausnahme einiger Flachbrustvögel, bei den erwachsenen Tieren. Die Funktion dieses Organes ist nicht geklärt. Ihr Entwicklungsverlauf und ihr histologischer Bau entspricht weitgehendst dem Thymus, eine innere Sekretion ließ sich bis heute nicht bestätigen. Die Bursa Fabricii kommt nur den Vögeln zu, von keiner anderen Wirbeltierklasse ist sie oder ein ihr homologes Organ bekannt.

b) Das Atmungssystem. Unter allen Wirbeltieren besitzen die Vögel das am besten ausgebildetste, aber auch komplizierteste Atmungssystem. Es setzt sich aus den dem Gasaustausch dienenden Lungen und einem die Luftventilation besorgenden System von Luftsäcken zusammen.

Die Nasenöffnungen sind rundlich oder oval, häufig auch schlitzförmig gestaltet. Ist ihr hinterer Rand konkav, bezeichnet man sie als holorhin, ist er dagegen schlitzförmig als schizorhin. Viele Arten haben mit borstenförmigen Federn bedeckte Nasenöffnungen (z. B. Raben, Stare, Spechte), die das Eindringen von Fremdkörpern verwehren. Die Nasenhöhlen, die unmittelbar hinter den Nasenlöchern in der Schnabelbasis liegen, sind durch eine Scheidewand in die rechte und linke Nasenhöhle geteilt; diese Trennung ist allerdings nicht immer vollkommen (z. B. Sumpf- und Schwimmvögel). Besteht eine Kommunikation beider Nasenvorhöfe in Höhe der Nasenlöcher, spricht man von Nares perviae, besteht sie nicht, von Nares imperviae. Der nicht wie bei den Säugern durch einen beweglichen Kehldeckel verschließbare Kehlspalt der Vögel liegt in einer Höhe mit dem Zungengrund. Dichte Schleimhautzotten („Sperrlippen") sorgen für die Fernhaltung von Nahrungsteilen. Der Kehlkopf (Larynx) ist eine von Knorpeln gestützte Kapsel, die keine Stimmbänder aufweist und deshalb für die Stimmbildung ohne wesentliche

Bedeutung ist. Die sich anschließende Luftröhre (Trachea) verläuft gemeinsam mit der Speiseröhre an der Halswirbelsäule entlang. Häufig ist sie kürzer als der Hals und macht dann die S-förmige Biegung der Halswirbelsäule nicht mit. Ist sie dagegen länger, legt sie sich in Windungen, die sich außerhalb der Brusthöhle unmittelbar unter der Haut (Auerhahn, Glattschnabelhokko, Rallenkranich) oder in der Brusthöhle ausbreiten (Löffelreiher, Gänse, Störche, Regenpfeifer). Beim Schwan und Kranich dringen die Trachealschleifen sogar in den Brustbeinkamm ein (Abb. 31), der dazu eigens aufgetrieben ist. Die von geschlossenen Knorpelspangen gestützte Luftröhre ist nicht immer von gleicher Weite. Bei Fasan, Kranich, Spechten, Kuckucken und Rabenvögeln erweitert sie sich im oberen Verlauf, bei Enten- und Sägermännchen finden sich im unteren Verlauf asymmetrische Erweiterungen. Bei Pinguinen und Sturmvögeln ist die Trachea durch eine innere Scheidewand in zwei Trachealhälften gespalten. Die Knorpelspangen zeigen allgemein sehr häufig und mitunter sehr frühzeitig die Tendenz zu verknöchern. Nach ihrem Eintritt in den Brustraum gabelt sich die Luftröhre normalerweise und geht in die beiden zu den Lungen führenden Bronchien über.

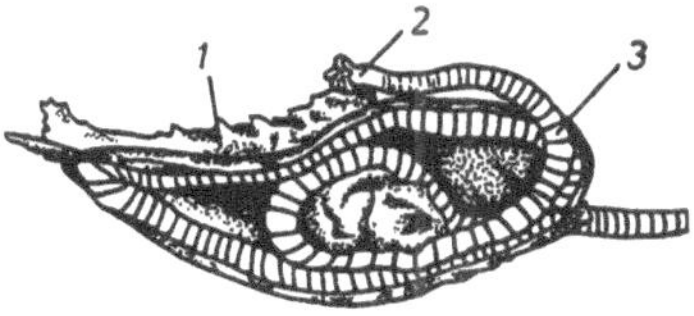

Abb. 31. Trachealschleifen vom Kranich (Grus grus).
(Verändert nach Berndt-Meise)
1 Brustbein
2 Unterer Kehlkopf
3 Luftröhre

An dieser Übergangsstelle befindet sich der untere Kehlkopf (Syrinx), der auch als Stimmkopf bezeichnet wird und das Stimmorgan bildet (Ausnahmen Strauß, Storch, Neuweltgeier). Die Syrinx ist wiederum ein nur bei den Vögeln auftretendes Organ. Häufig bildet sie mit den veränderten letzten Knorpel- bzw. Knochenringen der Trachea sowie auch mit den ersten der Bronchien eine einheitliche Knochentrommel (Tympanum), in der elastische Membranen (innere und äußere Paukenhäute) liegen. Die Membranen können durch Syrinxmuskeln (im komplizierten Singmuskelapparat der Singvögel 7—9 Paare) gespannt werden und funktionieren wie Stimmbänder. Außer den asymmetrischen Syrinxlabyrinthen bei männlichen Enten und Sägern treten bei den Vögeln als Resonanzverstärker für die Stimmlaute die Brustbeinaushöhlungen der Kraniche und Schwäne auf, sowie ferner beim Birkhahn ein aufgeblasener Halsluftsack beim Balzen, ein Kehlsack bei den Trappen und die bei Tauben, Rohrdommel u. a. aufblasbare Speiseröhre. Von den Stimmlauten sind die Instrumentallaute zu unterscheiden, die nicht vom Atmungssystem produziert werden: Schnabelklappern der Störche, Schnabelknappen der Eulen u. a., Flügelklatschen der Nachtschwalben u. a., „Meckern" der Bekassine mittels der abgespreizten äußeren Schwanzfedern, Schellen der Schellenten mit Hilfe der umgebildeten äußeren Schwungfedern, Trommeln der Spechte auf trockenen Ästen und vieles andere mehr.

Die Lungen (Pulmones) sind wie bei allen Tetrapoden paarig, aber auffallend klein und füllen den Brustraum bei weitem nicht aus. Sie liegen dorsal, gleich unterhalb von Wirbelsäule und Rippen und sind, ohne ein Lungenfell zu besitzen, bindegewebig direkt an der inneren Brustkorbwandung befestigt. Die Rippen mit ihren Hakenfortsätzen hinterlassen in dem schwammigen und wenig elastischen Lungengewebe tiefe Eindrücke und teilweise Einkerbungen. Die im gesunden Zustand hellrot aussehenden Lungen stellen im Gegensatz zu den Säugerlungen ein kompliziertes Netz von größeren und kleineren Röhren dar. Jeweils auf der unteren Fläche treten die Bronchien in die Lunge ein, wo sie sich aber nicht wie bei den Säugern verzweigen, sondern die Lunge in ihrer ganzen Länge bis zum hinteren Lungenrand als Stammbronchus durchziehen. Jeder Bronchus erweitert sich nach seinem Eintritt in die Lunge zu einem Vestibulum, wobei er die Knorpelringe in diesem Bereich verliert. Das Vestibulum weist an seiner medialen Seite in der Regel vier hintereinander gelegene runde

Seitenöffnungen auf, die für die sich ventral vereinigenden Ventralbronchien die Ausmündungen darstellen.

Der Stammbronchus erfährt hinter dem Vestibulum wieder eine Verengung zum häutigen Mesobronchus, der nach hinten verläuft. Auf der dorsalen Seite besitzt der Mesobronchus in zwei Längsreihen angeordnete 6—10 runde Öffnungen, die weiter in die Dorsalbronchien führen.

Sowohl von den Dorsal- als auch von den Ventralbronchien gehen rechtwinklig zahlreiche feine und feinste Kanälchen ab, die untereinander in Verbindung stehen; auf diese Weise kommen die Lungenpfeifen (Parabronchien) und der „Orgeltypus" der Vogellunge zustande. Dabei stellen die Dorsalbronchien die zuführenden und die Ventralbronchien die abführenden Kanäle dar, dazwischen sind die Parabronchien geschaltet, wodurch ein geschlossenes, durchgängiges Röhrensystem entstanden ist. Blutkapillaren umgeben allseitig die Lungenpfeifen; ihre Wandungen bilden teilweise gleichzeitig die Wandungen der feinsten Luftkapillaren und ermöglichen dadurch einen sehr lebhaften und äußerst günstigen Austausch der Atmungsgase durch die dünnen Kapillarwände. Nach der Lungenpassage mündet der Stammbronchus unter Aufzweigung in sog. Luftsäcke. Die L u f t s ä c k e (Abb. 32) sind dünnwandige,

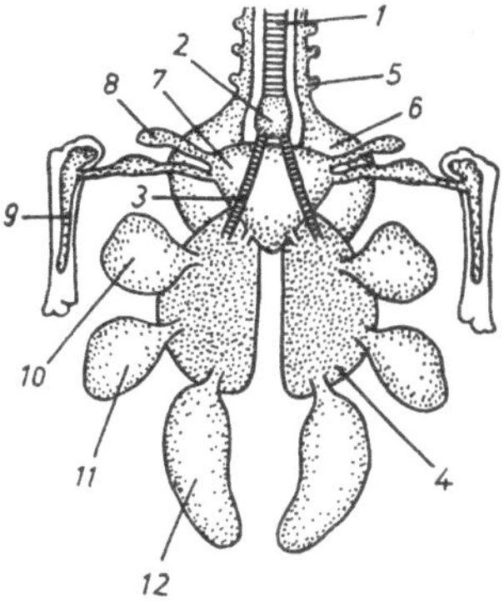

Abb. 32. Schema von Lunge und Luftsäcken eines Vogels. (Verändert nach H e g n e r - S t i l e s)

1 Luftröhre
2 Unterer Kehlkopf
3 Bronchus
4 Lunge
5 Divertikel des Halssackes
6 Saccus cervicalis
7 Saccus interclavicularis
8 Divertikel von 7
9 Divertikel in den Oberarmknochen
10 Saccus praethoracalis
11 Saccus postthoracalis
12 Saccus abdominalis

blasenartige, dehnungsfähige, nur der Vogellunge zukommende Einrichtungen. Es sind normalerweise 5 Paar, die sämtlich von der Luftröhre zugängig sind, an der ventralen Lungenfläche ihren Ursprung nehmen und in jeden Körperabschnitt, selbst in die pneumatischen Knochen des Skelettsystems, eindringen. Man unterscheidet nach ihrer Lage im Körper und in der Reihenfolge von vorn nach hinten: 2 Halssäcke (Sacci cervicales), die längs der Wirbelsäule nach vorn bis in die Gegend der vorderen Halswirbel und mit Divertikeln bis in den Halswirbelkanal und in die unteren Rippenabschnitte ziehen; 1 Interclavicularsack (Saccus interclavicularis), der paarig angelegt, aber zu einem großen unpaaren Sack verschmolzen ist und den Raum zwischen den Gabelbeinschenkeln ausfüllt, bei guten Fliegern mit einem Divertikel zwischen der Muskulatur der Brust-Schulterregion und schürzenförmig vor dem Herzbeutel liegt; 2 vordere und 2 hintere (seitliche) Brustsäcke (Sacci praethoracales et postthoracales), die die seitlichen, vorderen und hinteren Bereiche des Brustraumes einnehmen und sich bis in die Beckenregion hinein erstrecken und z. T. in jeweils zwei hintereinandergelegene, selbständige Säcke zerfallen können, sowie 2 sehr große Bauchsäcke (S. abdominales), die sich bis zum Schwanz erstrecken, die hinteren Baucheingeweide überdecken und mehrere Divertikel in die Lenden- und Kreuzbeinwirbel, in den Oberschenkel und die Beckenregion entsenden. Das Volumen von Luftsäcken und Lungen beträgt bei Taube 60, Ente 280 und Hühnerkücken 120 ccm.

Die Luftsäcke selbst nehmen wohl kaum Sauerstoff auf, dennoch haben sie für den Atmungsmechanismus eine grundlegende Bedeutung. Durch Volumenvergrößerung des Rumpfes (Hebung der Rippen, z. T. Senkung des Brustbeins) strömt die dadurch eingesogene Luft über die Stammbronchien und Bronchien in die Luftsäcke ein, die etwa wie Blasebälge funktionieren. Sowohl beim „Hinweg“ als auch „Rückweg“ in die bzw. aus den Luftsäcken findet in den Lungenpfeifen die Respiration statt. Diese einzigartige „doppelte“ Ausnutzung der Atemluft kann nur durch die echte Luftzirkulation in den kompliziert gestalteten Lungen in Verbindung mit den Luftsäcken stattfinden. Darüber hinaus bedingen die Luftsäcke eine Verringerung des spezifischen Gewichtes, eine Wärmeregulierung sowohl gegen Überhitzung als auch Unterkühlung, eine Vergrößerung der Biegungsfestigkeit der Knochen, in die sie eindringen, und wirken vielleicht auch als Schleimbeutel bei der Muskelbewegung. Über die Physiologie der Atmung, insbesondere des fliegenden Vogels, war man sich lange Zeit im unklaren. Da beim Fliegen ja der Brustkorb fixiert zu sein hat, müssen die atemmechanischen Voraussetzungen andere als bei den Säugern sein. Heute ist als gesichert anzunehmen, daß ein Vogel beim Stehen im wesentlichen durch Senken und Heben des Brustbeins atmet; als Einatmungsmuskeln kommen dabei die äußeren Zwischenrippenmuskeln und die Rippenheber, als Ausatmungsmuskulatur die Bauchmuskeln in Betracht. Beim Schwimmen, Liegen und Fliegen dagegen kann das Brustbein nicht oder nur wenig bewegt werden. Bei der Streckung der Rippen muß in diesen Fällen die Wirbelsäule gehoben werden. Das erfordert wiederum stärkere Einatmungsmuskulatur, weil hierbei ja gegen die Schwerkraft des Rückens Arbeit geleistet wird (starke Einatmungsmuskulatur bei Schwimm- und Tauchvögeln!). Beim Fliegen wird eine Erweiterung des Brustraumes zusätzlich noch dadurch erreicht, daß die Rabenbeine beim Niederschlag der Flügel auseinanderstreben. Beim Flügelheben erfolgt, wie experimentell bestätigt werden konnte, die Ausatmung, beim Flügelsenken die Einatmung. Während des Segelfluges atmet der Vogel ähnlich wie beim Sitzen oder Schwimmen, d. h. durch Heben der Wirbelsäule. Tauchen erfolgt vermutlich in Ausatmungsstellung. Die Atemfrequenz ist bei Vögeln niedriger als bei gleich großen Säugern; so beträgt die Zahl der Atemzüge pro Minute bei

Kasur	2—3	Haustaube	25—40
Pelikan	4	Kanarienvogel	95—120
Geier	6	kl. Kolibri	250
Huhn	12—32		

Die Atemfrequenz fliegender Vögel erhöht sich um das 10—15fache gegenüber der Ruhefrequenz; mit dem Hungern sinkt die Atemzahl.

c) Das Kreislaufsystem. Gegenüber den Reptilien unterscheidet sich der Blutkreislauf der Vögel durch den Verlust des linken Aortenbogens, vollständige Trennung von sauerstoffreichem und -armem Blut infolge totaler Längstrennung von Vorhof und Kammer des Herzens sowie verhältnismäßig größere Wandstärke der Arterien. Diese Faktoren sind zugleich die anatomischen Voraussetzungen für die Homoiothermie, d. h. einer konstanten, eigenen Körpertemperatur, die bei den Vögeln etwa 40—43° beträgt.

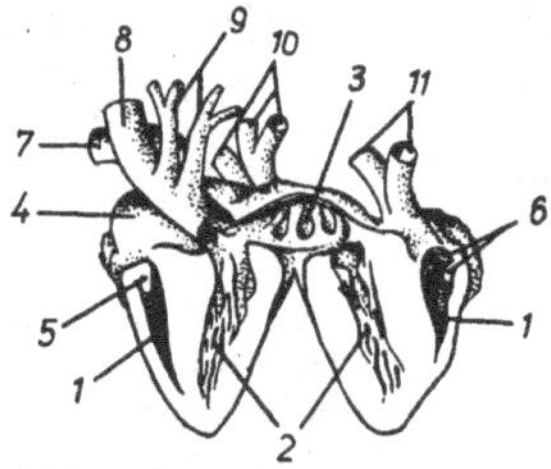

Abb. 33. Das Herz eines Vogels (Gallus domesticus), aufgeschnitten, mit den zu- und abführenden Blutgefäßen. (Nach Freye)

1 rechte Kammer
2 linke Kammer
3 linke Vorkammer
4 rechte Vorkammer
5 Muskelklappe
6 dreisegelige Herzklappe
7 obere Hohlvene
8 aufsteigende Aorta
9 linke u. rechte Art. brachiocephalica
10 Lungenvenen
11 Lungenarterien

Das Herz der Vögel (Abbildung 33) ist relativ doppelt so schwer wie das etwa gleichgroßer Säugetiere. Wegen der hohen Stoffwechselanforderungen besitzen die Vögel einen hohen Blutdruck und eine hohe Pulszahl; im Zusammenhang damit steht das hohe Herzgewicht, das im groben Durchschnitt etwa 5—30‰ des Körpergewichtes ausmacht. Zwischen absoluter Herzgröße und der Schlagfrequenz besteht insofern ein Zusammenhang, als kleinere Arten eine schnellere Schlagfolge als größere Arten haben (Truthahn 100, Haushuhn 280—350, Sperling 400—800, Kanarienvogel 1000 pro Min.). Eingehüllt in einen Herzbeutel liegt das vierkammerige Herz etwa in der Mitte des Brustraumes auf dem Brustbein. Es ist annähernd kegelförmig, die nach hinten und unten weisende Herzspitze liegt bei allen Vögeln zwischen den beiden Leberlappen.

Der bemerkenswerteste Unterschied im anatomischen Bau des Herzens zu dem bei den Säugern ist das Fehlen der rechten Atrioventrikularklappe; sie ist durch eine starke Muskelplatte ersetzt. Da die linke Herzseite mehr Arbeit als die rechte leisten muß, ist die Muskelwandung der linken Kammer fast um das doppelte stärker als die der rechten. Aus dem gleichen Grunde ist auch die linke Kammer voluminöser als die rechte; beim Huhn ist das entsprechende Verhältnis 7 : 4.

Das in dem geschlossenen Blutkreislauf pulsierende Blut kreist bei Hühnerkücken in 2,8 sec durch den Körper. Die gesamte Blutmenge macht bei den Vögeln $^1/_{10}$ bis $^1/_{13}$ des Körpergewichtes aus. Sie setzt sich aus dem Blutplasma und den darin schwimmenden Blutzellen zusammen. Die roten Blutzellen (Erythrozyten) sind flache bikonvexe, ovale Scheiben mit vorgewölbtem Kern, die ausschließlich im roten Knochenmark entstehen. Allgemein findet man bei schlechten Fliegern größere, bei guten Fliegern kleinere Erythrozyten (insgesamt größere Oberfläche). In der Regel ist die Gesamtzahl roter Blutkörperchen umgekehrt proportional der Größe des Individuums; pro mm^3 können im Durchschnitt 1,5—5,5 Mill. gerechnet werden. Die farblosen Blutzellen (Leukozyten) sind unregelmäßig gestaltet und aktiv beweglich im Gegensatz zu den Erythrozyten. Sie entstehen im lymphatischen Gewebe, in der Milz, im Knochenmark. Ihre Zahl ist mit 20—40 000 pro mm^3 um ein Vielfaches geringer als die der roten. Wir können bei ihnen ungranulierte Lymphozyten (etwa 50—70 % aller farblosen Blutzellen) und granulierte basophile (mit einfachem Kern) oder eosinophile Leukozyten mit kugeliger oder stäbchenförmiger Granula unterscheiden. Die kleinsten Blutzellen sind die als Thrombozyten bezeichneten Blutplättchen. Ihre Form schwankt von oval bis rund, ihre Größe variiert beträchtlich. Über ihre Herkunft ist bislang noch wenig bekannt; vielleicht gehören sie überhaupt zur Erythrozyten-Serie und sind Zellen, in denen die Hämoglobin-Bildung nicht zum Abschluß gekommen ist.

Beim Huhn hat man ihre Zahlen mit 55 000—120 000 pro mm^3 bestimmt.

Von manchen Vögeln ist bisher bekannt, daß während der Mauser ein starker Blutzerfall stattfindet, der häufig von einer Eosinophilie (Vermehrung der eosinophilen Leukozyten) begleitet ist.

Der Lymphkreislauf führt als ergänzendes Gefäßsystem aus der Gewebsflüssigkeit diffundierte Flüssigkeit, die Lymphe, zum Herzen zurück. Da der Lymphstrom recht träge fließt und unter einem geringen Druck steht, sind die Lymphgefäße sehr dünnwandig. Die Lymphe des Darmes, die resorbiertes Fett als weißlichmilchige Emulsion enthält, sammelt sich in Chylusgefäßen. Zwei Milchbrustgänge (Ductus thoracici) nehmen die von den hinteren Extremitäten und der hinteren Körperregion sowie die von den Hoden bzw. dem Eierstock, den Nebennieren, der Milz, des Magens, der Leber, Bauchspeicheldrüse und hinteren Speiseröhre kommenden Lymphbahnen und die Chylusgefäße auf und ziehen kopfwärts, um in die oberen Hohlvenen (Venae cavae craniales) in das Venensystem einzumünden. Unmittelbar vorher treten noch die von vorn kommenden Lymphgefäße der Flügel und Lungen, des Herzens, Kropfes, Halses und Kopfes hinzu, doch können diese Bahnen z. T. selbsttätig mit dem Venensystem Verbindung gewinnen. Obwohl embryonal noch bei allen Vögeln angelegt, sind die bei Reptilien verbreiteten Lymphherzen nur bei erwachsenen Enten- und Sperlingsvögeln, Möwen, Störchen, Kasuaren und beim Strauß nachweisbar. Im Bereich des Halses und der Lendenregion sind einige Lymphknoten eingeschaltet, die mit zunehmendem Alter kleiner werden.

Die Milz ist auch ein lymphoides Organ, obwohl sie in den Blutkreislauf und nicht in den Lymphkreislauf eingebaut ist. Sie liegt an der rechten Seite zwischen Drüsen- und Muskelmagen, ist vollständig von Luftsäcken eingehüllt und wechselt in der Form bei den verschiedenen Arten sehr stark. Beim Huhn ist sie kugelig bis eiförmig, braunrot und wiegt durchschnittlich 1,5—2,5 g.

d) Das Ausscheidungssystem. Die der Ausscheidung der stickstoffhaltigen Endprodukte dienenden Nieren liegen bei den Vögeln in einer geräumigen, paarigen Nierengrube des Beckens und reichen vom hinteren Lungenrand bis in die Gegend der hinteren verschmolzenen Kreuzbeinwirbel. Ihre Dorsalflächen zeigen den Abdruck der knöchernen Unterlage, an die sie eng angeschmiegt sind. Wegen der großen Stoffwechselaktivität der Vögel sind ihre Nieren relativ sehr groß und mit sehr vielen Nierenelementen (Nephrone, aus Nierenkörperchen und Nierentubulus bestehend) ausgestattet (etwa 200 000 beim Huhn). Wie bei den Reptilien sind die Nieren gelappt, meist treten 3 verschieden große Lappen (Abb. 34) auf, bei den Reihern und Seetauchern können beide Nieren miteinander teilweise oder auf ganzer Länge *(Gavia)* miteinander verschmelzen. Entwicklungsgeschichtlich verschwinden zwischen dem 6. und 8. Bebrütungstag beim Huhn die letzten Spuren einer Vorniere (Pronephros) und vom 15. Bebrütungstage etwa an beginnt die bleibende definitive Niere (Opisthonephros) mit ihrer Tätigkeit. Sie ist reich durchblutet: wie bei den Reptilien ist neben der arteriellen Blutversorgung ein Pfortaderkreislauf entwickelt, bei dem das gesamte Blut aus den hinteren Extremitäten, den Beckenorganen, aus dem Schwanz und dem Enddarm beim Abfluß die Nieren durchströmen muß.

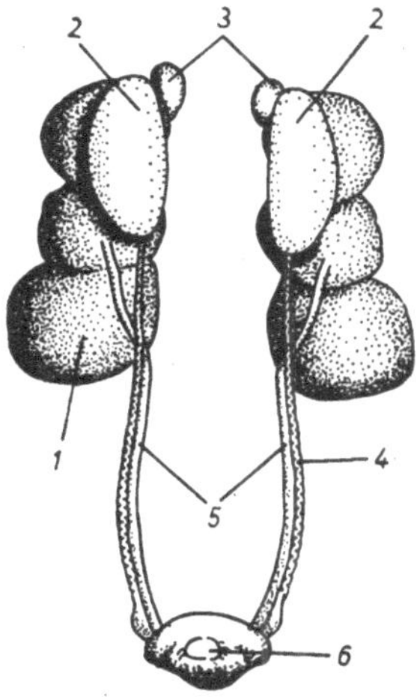

Abb. 34. Nierensystem und Hoden eines männlichen Vogels. (Nach Pettingill)

1 Niere
2 Hoden
3 Nebennieren
4 Samenleiter
5 Harnleiter
6 Kloake

Die Harnleiter (Ureteren) verlaufen jeweils auf der Mitte der vorderen Nierenfläche oder am inneren Nierenrand entlang. Sie beginnen im Oberlappen mit mehreren Wurzeln, nehmen von allen Lappen die primären Harnleiterzweige auf und münden auf den Papillen des Urodaeums in die Kloake. Eine Harnblase gibt es mit Ausnahme des Straußes bei keinem erwachsenen Vogel.

Die täglich bereitete Harnmenge beträgt beim Huhn 600—1000 ccm. Wie bei den Reptilien (aber unterschiedlich zu den Säugern) wird der Stickstoff bei den Vögeln vorwiegend als Harnsäure ausgeschieden, daneben enthält der Vogelharn Ammoniak, Aminosäuren, etwas Harnstoff und eine Reihe von Salzen. Wegen der geringen Löslichkeit der Harnsäure muß der Harn die Harnwege schnell passieren, und relativ große Wassermengen werden zum Transport benötigt. Das Wasser wird dem Harn aber in der Kloake wieder entzogen (Rückresorption), in der die Harnsäure und die Urate in weißlich breiiger Beschaffenheit sich mit dem Kot vermischen oder ihm als weißliche Kappe aufgesetzt werden. Wegen dieses sparsamen Wasserhaushalts ist das tägliche Wasserbedürfnis relativ gering, mitunter benötigen manche Vögel monatelang keinen Tropfen Wasser.

Meeresvögel trinken das salzige Meerwasser in jeder von ihnen gewünschten Menge. Da aber der Salzgehalt ihres Körpers auch nicht höher ist als der anderer Vögel, muß das überschüssige Salz schnell wieder ausgeschieden werden. Dazu dienen nicht die Nieren, sondern eine paarige Drüse, die im Kopf hinter der Nasenhöhle liegt. Bei der Möwe befindet sie sich über den Augenhöhlen, beim Kormoran zwischen Augen- und Nasenhöhle; ihr Ausführgang mündet stets in die Nasenhöhle. Zum Unterschied zu den Nieren arbeiten die Salzdrüsen nur bei Salzüberschuß im Blut (Nieren arbeiten ständig), und ihre Tätigkeit steht allein im Dienste der Salzausscheidung. Außerdem arbeiten sie mehr als doppelt so schnell wie die Nieren. Das Drüsensekret fließt in Form einer hochkonzentrierten Salzlösung (nahezu 5 %ig) aus den Nasenlöchern heraus und tropft von der Schnabelspitze herunter. Die hornigen Nasenröhren der Sturmvögel sind die anatomische Grundlage für ein aktives Ausblasen des Salzsekretes, da das ständige „In-der-Luft-sein“ ein langsames Abtropfen unmöglich macht.

7. Die Geschlechtsorgane

Zu den Geschlechtsorganen werden die eigentlichen Genitalorgane, die Gonaden (Hoden oder Eierstock), und die Ableitungswege gerechnet. Während sich alle bisher besprochenen Organe bzw. Systeme mehr oder minder schnell entwickeln, zeigen die Geschlechtsorgane ontogenetisch die langsamste Entwicklung. Das beruht auf der Tatsache, daß sie ja auch vor Eintritt der Geschlechtsreife noch nicht aktionsfähig zu sein brauchen.

a) Die männlichen Geschlechtsorgane. Die paarigen Hoden (Testes) liegen bei allen Vögeln (im Gegensatz zu den Säugern) in der Bauchhöhle und befinden sich neben den Nebennieren in Höhe des Hinterrandes vom vorderen Nierenlappen. Zwischen den beiden Hoden ziehen die Aorta und die große untere Hohlvene in Körperlängsrichtung. Die Gestalt der männlichen Keimdrüsen ist sphärisch (Finkenvögel) über bohnenförmig (Hühnervögel) bis lang ellipsoid (Segler). Ihre Größe schwankt artlich und auch individuell außerordentlich stark; häufig ist der linke Hoden größer als der rechte. Zur Brunstzeit schwellen die gelblichen bis grauweißen, zuweilen pigmentierten Hoden mächtig an, der Brunsthoden kann 200—300 mal schwerer sein als der ruhende Hoden. In seinem Inneren findet man ein Netzwerk vieler geschlängelt verlaufender und untereinander in Verbindung stehender Samenkanälchen, die in Bindegewebe eingebettet sind. Die Samenkanälchen sind die Produktionsstätten der Samenzellen (Spermatozoen). Hodengröße, Spermatozoen-Ausbildung und -Reifung hängen neben bestimmten inneren Faktoren sehr viel von Umweltsfaktoren (Licht, Ernährung) ab. Unterbelichtung verzögert, Überbelichtung fördert die Reifungsprozesse, reichliche Ernährung beschleunigt die Samenreifung und den Eintritt der Hochbrunst, Vitamin-B-Mangel läßt die Hoden verkümmern. Hungernde Hähne bekommen kapaunähnliches Verhalten und Aussehen. Mit dem Hoden vergrößert sich während der Fortpflanzungszeit der Nebenhoden, der außerhalb dieser Zeit vom Hoden schwer abgrenzbar ist. Aus dem Nebenhoden zieht der Samenleiter (Vas deferens) jederseits geschlängelt in engen Windungen neben dem Harnleiter herab, um seitlich von diesem auf einer Papille in den mittleren Kloakenabschnitt zu münden (S. 65). Bei manchen Arten (Singvögel, Gänse, Tauben, Hühner) erweitert sich der Samenleiter kurz vor seiner Mündung zu einem sog. Samenbläschen. Samenleiter und Samenbläschen vergrößern während der Brunstzeit ihre Wanddicke, Länge und (beim Samenleiter) auch Windungszahl. Das Volumen des als Samenreservoir dienenden, selbst drüsenlosen Samenbläschens kann während der Fortpflanzungsperiode 100fach vergrößert sein.

Ein Penis kommt bei den meisten Vögeln nicht vor. Die Begattung geht bei ihnen normalerweise so vonstatten, daß die Partner ihre Kloaken fest aufeinanderpressen. Dabei wird das Proctodaeum erweitert und das Ejakulat unmittelbar in das Urodaeum des weiblichen Tieres eingespritzt. Bei Kasuaren, Emus, Strauß, Kiwi, Steißhühnern, Enten und Gänsen kommt es aber zu echten Penisbildungen. Am ventralen Kloakenrand befindet sich beim Kiwi und den Steißhühnern ein einheitliches fibröses, bei allen übrigen aus zwei verschmolzenen fibrösen Körpern bestehendes Paarungsglied. Es ist spiralig nach links gedreht, durch Einströmen von Lymphe und Blut erigierbar und durch besondere Muskeln nach außen stülpbar. Eine an der Oberfläche verlaufende und durch spiralig herabziehende Wülste gebildete, enge und tiefe Rinne, die sog. Samenrinne, schließt sich während der Begattung zu einer Samenröhre (Abb. 35). Die Linkswindung des Vogelpenis ist eine Einpassung in die anatomischen Verhältnisse der weiblichen Geschlechtsorgane, bei denen nur der linke Ovidukt funktionstüchtig ist. Bei den Trappen, Störchen und Reihern findet man als Penisreste an der vorderen Kloakenwand warzen- oder zungenförmige Erhebungen; das kleine, papillenartige rudimentäre Begattungsorgan bei männlichen Hühnern kann zur Geschlechtsbestimmung frischgeschlüpfter Kücken benützt werden.

b) Die weiblichen Geschlechtsorgane. Obwohl sie paarig angelegt sind, verkümmern im Gegensatz zu den Reptilien bei den meisten Vögeln der rechte Eierstock und der rechte Eileiter meist vollständig. Bei den Weihen, Falken, dem Sperber, Habicht, zuweilen auch beim Bussard, Kuckuck, Blauracke u. a. sind auch der rechte Eierstock und Eileiter entwickelt, doch bleibt wohl auch hier nur die linke Seite funktionstüchtig. Nach pathologischer Degeneration oder experimenteller Beseitigung des linken Eierstockes (sog. Ovariektomie) kann es kompensatorisch rechtsseitig zur Ausbildung einer Keimdrüse kommen, die sich dann meist zu einer Zwitterdrüse (Ovaritestis) entwickelt. Die Hormonausschüttung der männlichen Keimzellen ermöglicht dann eine völlige somatische Geschlechtsumwandlung, so daß das genetisch weibliche Tier hahnenfedrig (z. B. Fasan, Huhn) erscheint. In sehr seltenen Fällen hat man sog. Halbseitenzwitter beobachtet. Hierbei handelte es sich um Vögel, die sowohl einen Hoden als auch einen Eierstock besaßen und in deren Gefolge auch die zugehörigen sekundären Geschlechtsmerkmale ausgeprägt waren. So ist ein Gimpel bekannt, der linksseitig eine graubraune (weibliche) und rechtsseitig eine dunkelrote (männliche) Befiederung aufwies; ein Ringfasan hatte den (weiblichen) weißen Halsring nur einseitig, auf der anderen Seite war ein (männlicher) Sporn an der Hinterextremität entwickelt.

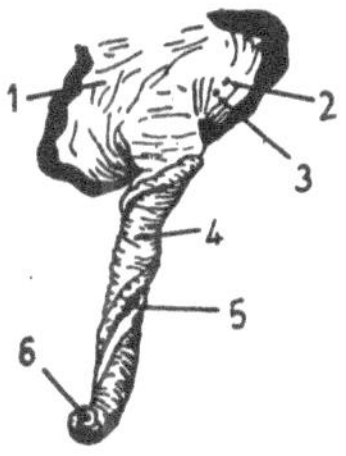

Abb. 35. Penis (ausgestülpt) eines Erpels (Anas domesticus). (Nach Ellenberger-Baum)

1 Kloake (aufgeschnitten)
2 Samenleitermündung
3 Harnleitermündung
4 Penis
5 Samenrinne
6 Mündung von 5

Der normale, linksseitig entwickelte Eierstock (Ovar) ist in Ruhe annähernd rechteckig gestreckt und liegt in

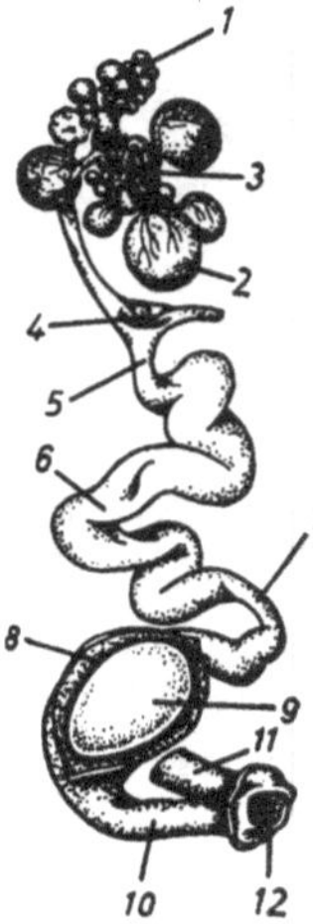

Abb. 36. Geschlechtsorgane eines weiblichen Vogels (Gallus domesticus). (Nach Freye)
1 Eierstock
2 Follikel
3 geplatzter Follikel
4 trichterförmige Mündung der Tube
5 Tube
6 Pars albuminifera
7 Isthmus
8 Uterus (geöffnet)
9 Ei
10 Vagina
11 Enddarm
12 Kloake

Höhe der linken Niere, deren vorderem Lappen er eng anliegt. Ein reifendes Ovar wächst stark heran und bekommt ein traubenförmiges Aussehen. Der durch die herangereiften, die Eizellen enthaltenden Follikel an Umfang stark vergrößerte Eierstock füllt einen beträchtlichen Raum der Leibeshöhle aus. Nach der Legeperiode erfährt die weibliche Keimdrüse eine sehr schnelle Rückbildung auf das Ausgangsstadium.

Der Eileiter (Abb. 36) ist ein langer, darmähnlicher Schlauch („Legedarm"), der aus glatter Muskulatur bestehend in mehreren Windungen nach hinten zur Kloake zieht. Er ist mittels eines Gekröses im Bauchraum befestigt und innen von einer Schleimhaut mit hohem Flimmerepithel ausgekleidet, die hauptsächlich Eiweiß liefernde Drüsen enthält. Zur Fortpflanzungszeit erfährt der Legedarm in bezug auf seine Länge, sein Gewicht und seinen mikroskopischen Bau erhebliche Veränderungen. Beim Haushuhn (Weißes Leghorn) wächst er von ungefähr 30 auf 60 cm heran, sein Durchmesser verachtfacht sich, sein Volumen nimmt um das 50fache zu. An einem solchen in der Legezeit befindlichen Eileiter kann man 5 Abschnitte unterscheiden: Eine zartwandige Tube (Infundibulum), die mit einer großen, trichterartigen Mündung dicht unterhalb des hinteren Endes des Eierstocks beginnt und die Aufnahme der durch den Follikelsprung freiwerdenden Eizellen besorgt; den drüsenreichen Eiweißabschnitt (Pars albuminifera), in dem die Dotterkugel mit

Eiklar umhüllt wird; den dünnwandigen und englumigen Isthmus, der die Schalenhaut bildet; den Eihalter (Uterus), der mittels zahlreicher, schlauchförmiger, Kalk liefernder Drüsen die Kalkschale aufbaut und schließlich die muskulöse, schleimproduzierende Scheide (Vagina), die sich seitlich vom linken Harnleiter in die Kloake öffnet. Bei der Eiablage wird normalerweise die Vagina aus der Kloake gestülpt.

Bei manchen weiblichen Vögeln (Strauß, Kasuar, Gans, Ente, Steißhühner, Kiwi u. a.) findet man als Homologon zum männlichen Penis kleine Clitorisbildungen am vorderen Kloakenrand.

8. Fortpflanzung und Entwicklung

In dem Eierstock werden die befruchtungsfähigen Eier ausgebildet. Die Eizellen (Oozyten) werden schon bei der Geburt des weiblichen Vogels angelegt; sie brauchen — ohne daß ihre Zahl im weiteren Verlaufe zunimmt — nur noch heranzureifen. Die Zahl der angelegten Eizellen (etwa 5000—25 000) ist um ein Vielfaches größer, als die der später wirklich zur Ablage kommenden Eier. Eine heranwachsende Eizelle umgibt sich zunächst mit einer einfachen Zellschicht, verliert dann den Zusammenhang mit dem Keimepithel und bildet eine mehrschichtige umgebende Zellage aus, das sog. Eibläschen (Follikel). Im Innern des Follikels entsteht ein mit Flüssigkeit gefüllter Hohlraum, und unter weiterer Volumenzunahme wandern mehrere Bläschen an die Oberfläche des Eierstockes. Einige von ihnen drängen aus der Oberfläche heraus; schließlich hängen sie nur an Stielen am Eierstock (Abb. 36). In die Eizelle werden auf dem Wege über die Blutleitung in verstärktem Maße Nährzellen gebracht und zu Dottermaterial umgebaut. Der Kern der Eizelle und das Bildungsplasma liegen als Keimbläschen an der Oberfläche des Bläscheneies. Die reifen Follikel platzen eines Tages, das in ihnen enthaltene Ei wird herausgespült (Follikelsprung) und von der

Tubenmündung aufgenommen. Hier findet die Befruchtung, d. h. die Vereinigung mit einer männlichen Samenzelle statt. Der Samen kann hier beim Haushuhn zwei bis drei Wochen befruchtungsfähig bleiben. Nach der Befruchtung wandert die Eizelle den Eileiter herab. Im Eiweißteil werden zunächst faserige Eiweißstränge ausgebildet, die sich als Hagelschnüre (Chalazen) an beide Pole der Eizelle anheften (Abbildung 37). Danach wird das Gelbei mit mehr oder minder flüssigen Lagen von Eiklar umgeben und bekommt im Isthmus die Schalenhaut, die aus zwei Blättern besteht. Im Bereich des stumpfen Eipols trennen sich die Blätter und schließen einen mit Luft gefüllten Raum, die Luftkammer, ein, deren Größe von ihrem Sättigungsgrad mit Wasserdampf abhängig ist. Im Eihalter gelangt zuerst weiteres dünnflüssiges Eiklar auf osmotischem Wege durch die Schalenhaut hindurch und legt sich als äußerer Mantel auf das schon vorhandene Eiweiß. Danach bauen die Drüsenzellen des Uterus die Kalkschale auf, die aus kohlensaurem Kalk und Eiweißfasern besteht, bald erstarrt und porös und luftdurchlässig ist. Bei der Färbung eines Vogeleies ist die Grundfarbe von der Fleckenfarbe zu unterscheiden. Während die einheitliche Grundfarbe (Oozyan, Oochlorin, Ooxanthin) diffus verteilt der die Kalkschale aufbauenden Kalkpaste beigemischt wird, entstehen die mannigfachen Fleckenzeichnungen dadurch, daß vom Ei-

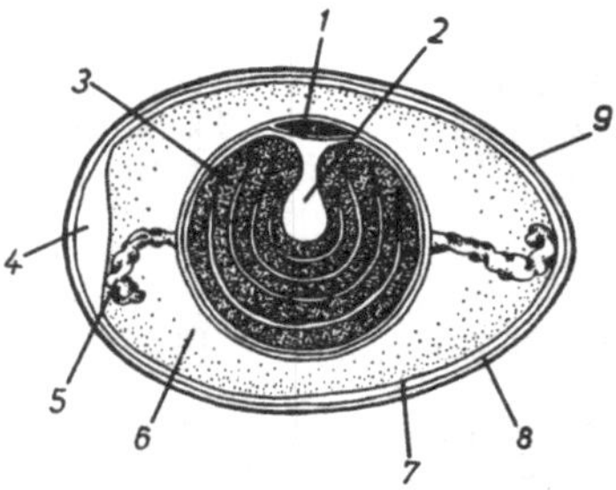

Abb. 37. Vogelei im Längsschnitt (schematisiert). (Nach Goerttler aus Freye)

1 Keimscheibe
2 Weißer Dotter (Latebra)
3 gelber Dotter
4 Luftkammer
5 Hagelschnüre (Chalazen)
6 Eiweiß
7 Innere und
8 Äußere Schalenhaut
9 Kalkschale

leiter herkommende Farbstoffe, die z. T. aus abgebauten roten Blutkörperchen stammen, sich der schon in Bildung begriffenen Kalkschale nachträglich aufsetzen. Das so gebildete Ei durchwandert mit dem spitzen Pol voran den Eileiter und dreht sich dabei um die Längsachse. Im Uterus erfährt es bei manchen Vögeln eine Totaldrehung (z. B. manche Hühnerrassen, Enten, Krähen), so daß es dann abweichend von der bei Vögeln üblichen Norm mit dem stumpfen Pol voran abgelegt wird. Beim Huhn verweilt das Ei insgesamt etwa 20 bis 24 Stunden im Legedarm; erst nach der Eiablage löst sich normalerweise das nächste Ei aus dem Eierstock.

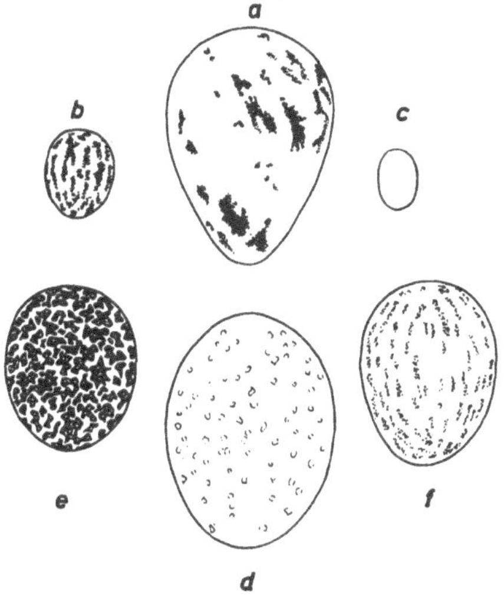

Abb. 38. Form- und Strukturtypen von Vogeleiern. (Nach Berndt-Meise)

a Uferschnepfe (Limosa limosa)
b Kleinschnabel-Tyrann (Epidonomus varius)
c Kolibri (Amazilia leucogaster)
d Steißhuhn (Tinamotis pentlandii)
e Guira-Kuckuck (Guira guira)
f Wasserhahn (Gallicrex cinerea)

In Größe, Form und Färbung sind die Eier der verschiedenen Vogelgruppen außerordentlich unterschiedlich. Kleine Vogelweibchen haben relativ große Eier, Nestflüchter legen größere Eier als Nesthocker und brutschmarotzende Vögel (z. B. Kuckuck) die relativ kleinsten Eier überhaupt. Die Eier der Eulen sind kugelig-rund, die der Ziegenmelker walzenförmig und die der Alken u. a. kreiselförmig (s. auch Abb. 38), die „typische" Eiform ist also längst nicht bei allen Spezies verwirklicht. Die Schalendicke ist von der Größe und Form der Eier abhängig; aus mechanischen Gründen nimmt das relative Schalengewicht mit der Eigröße zu. Andererseits sind die meist weißen Eier der Höhlenbrüter dünnschaliger als die meist bunten, schutzgefärbten Eier der Freibrüter. Besonders dickschalig wiederum sind die Kuckuckseier. Auch die Zahl der Eier pro Gelege ist sehr unterschiedlich. Größere, wehrhafte Vögel haben die kleinsten Gelegestärken; der Schlangenadler, Baßtölpel, Sturmvögel u. a. legen nur 1 Ei, Singvögel 6 bis 10, das Rebhuhn bis 22 Eier. Innerhalb eines Artenkreises nimmt die Eizahl je Gelege von Norden nach Süden ab. Bei Zerstörung des Geleges sind viele Arten in der Lage, ein Nachgelege zu leisten. So hat man z. B. den Wendehals bis 42, Möwen sogar bis 70 Eier nachlegen lassen. Der Legeabstand beläuft sich allgemein auf 24 Stunden oder auch auf 2—3 Tage. Von den hier regelhaft sich abzeichnenden Durchschnittsangaben gibt es sehr viele Ausnahmen. Wohl aus Gründen einer annähernd konstanten Belastung der Vogelweibchen läßt sich zusammenfassend eine allgemeine Korrelation zwischen Körpergröße des geschlechtsreifen Tieres, Eigröße, Gelegezahl und Legeabstand feststellen. Die im Verhältnis zum Vogel relativ großen Eier, die infolge ihres Nährstoffvorrates eine von einer Nahrungszufuhr unabhängige Embryonalentwicklung ermöglichen, werden verhältnismäßig rasch gebildet und abgelegt, wodurch eine möglichst kurzfristige Behinderung während des Fluges erreicht wird. Die nur für Gase (O_2 und CO_2) durchlässige, harte Kalkschale schützt das Ei nicht nur, sondern erlaubt auch wegen ihres guten Wärmeleitvermögens die Bebrütung.

Die Bebrütung der Eier — unabhängig davon, ob die Vögel ein Nest (vgl. S. 88) bauen oder nicht – ist die Voraussetzung für die Embryonalentwicklung. Die Bruttemperatur beträgt im Durchschnitt 39°. Die Brutzeit liegt in unseren Breiten hauptsächlich in den Frühjahrsmonaten. Kreuzschnäbel können zu jeder Jahreszeit brüten. Größere Arten haben meist nur eine Brut, kleinere Arten häufig zwei, vielleicht auch drei Bruten pro Jahr. Über die Brutdauer unterrichtet Tabelle 1. Aus ihr geht

Tabelle 1

Art	Brutdauer in Tagen	Eizahl pro Gelege	Eigewicht in g	Nesthocker (H) Nestflüchter (F)
Albatros	60	1	470	H
Emu	56—58	13	600	F
Kondor	55	1—2	275	H
Königspinguin	52	1	450	H
Gänsegeier	51	1	240	H
Strauß	42	10—15	1500	F
Hühnerhabicht	35—38	3	60	H
Höckerschwan	35	5—8	360	F
Kranich	33	2	200	F
Weißer Storch	33	3—5	120	H
Sperber	31—33	4—5	19	H
Mäusebussard	28—31	3—4	60	H
Turmfalk	28—31	4—6	19	H
Hausgans	30—32	—	170	F
Graugans	28—29	6—10	175	F
Großtrappe	23—28	2	135	F
Hausente	28	—	80	F
Stockente	22—26	11	50	F
Fasan	24	13—17	30	F
Rebhuhn	24	15—22	13	F
Haushuhn	21	—	70	F
Bankivahuhn	—	8—12	—	F
Haustaube	17—19	2	20	H
Felsentaube	17	2	17	H
Wachtel	17	10	8	F
Star	14	5—7	6	H
Haussperling	12—13	4—6	3	H

hervor, daß im allgemeinen kleinere Arten innerhalb einer Vogelgruppe eine kürzere Brutdauer haben als große (Hühnerhabicht — Sperber), die Brutdauer nicht immer abhängig von der Größe eines Eies ist (Sperber — Turmfalke), Nestflüchter relativ längere Brutzeit benötigen und gefährdete Vögel entsprechend kurze Brutdauer haben. Eine lange Brutdauer dürfte das Ursprüngliche sein. — Die Bebrütung können beide Geschlechtspartner in wechselseitiger Ablösung (15—30 Min., bei Geiern Tage) vornehmen (z. B. Pirol, Star, Rohrsänger, Grasmücken), oder es brüten nur die Weibchen allein (z. B. Enten, Weihen, gr. Rohrdommel, Wiedehopf, Rauchschwalbe) oder die Männchen allein (z. B. Emu, Kasuar, Mornellregenpfeifer; überwiegend auch bei Schwarzspecht, Flußuferläufer). Die Großfußhühner brüten überhaupt nicht, sie schichten Laubhaufen auf, deren Temperatur sie regeln (30—35 °) und überlassen der Zellulosegärung die Arbeit.

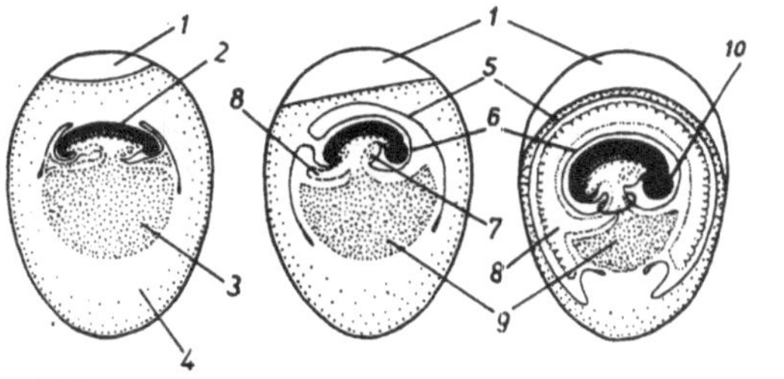

Abb. 39. Abfaltung des Vogelembryo von der Keimscheibe und Bildung der Embryonalanhänge (schematisiert.) (Z. T. nach Goerttler aus Freye)

1 Luftkammer
2 Embryo
3 Nahrungsdotter
4 Eiweiß
5 Serosa
6 Amnion
7 Herzanlage
8 Allantois
9 Dottersack
10 Kopf

Die Embryonalentwicklung beginnt unmittelbar nach der Verschmelzung von Ei- und Spermakern im Legedarm. Die Keimscheibe wird durch mehrere Furchungsschritte zellig gegliedert, bekommt ovale Form und nimmt in der Fläche und in der Dicke zu. Etwa in diesem Zustand wird ein Ei abgelegt und die weitere Zellvermehrung wird vorerst eingestellt. Die Temperatur und Feuchtigkeit der Bebrütung bringt die normale Weiterentwicklung wieder in Gang. Die Keimscheibe überwächst allmählich die Masse des Nahrungsdotters (Abb. 39). Über die Ausbildung eines Primitivstreifens kommt es zur Entwicklung eines Medullarrohres und der Ursegmente (Abb. 40). Danach entwickeln sich Amnion, Serosa, Dottersack und Allantois (Abb. 39), der Embryo hebt sich vom Dottermaterial ab, erlangt eine fest umrissene Gestalt und die Organe bilden sich heraus. Der Keimling wächst nun auf Kosten des mitgegebenen Nahrungsdotters heran, der auf dem Wege über den Dottersackgang und nach Ausreifung des Darmes auch durch aktive Schluckbewegungen aufgenommen wird. Kurz vor dem Schlupf können die Kücken schon ein leises Piepsen von sich geben. Der Schlupf beginnt mit einem Aufreißen der Eischale in Nähe der am stumpfen Pol befindlichen Luftblase. Der eigens dazu entwickelte kleine, hornige Eizahn auf dem Oberschnabel, der nach dem mitunter Stunden dauernden Schlupf eintrocknet, dient dem Einreißen der Schale. Im Verlauf der ersten Stunden nach der Befreiung aus der Eischale wird der Dottersack vollends eingezogen (Nestflüchter), soweit er nicht schon vorher aufgezehrt worden ist.

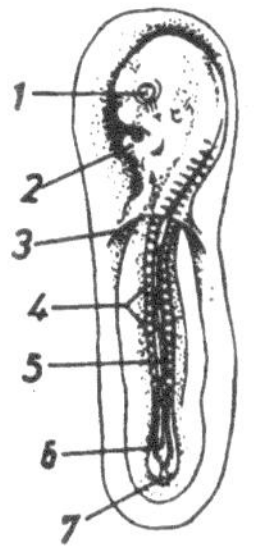

Abb. 40. Huhnembryo am 2. Bebrütungstag. (Nach Freye)
1 Augengrube
2 Herzanlage
3 vorderes Amnion
4 Ursegmente
5 Medullarrohr
6 Hensenscher Knoten
7 Primitivstreifen

Wenn auch durch viele Übergänge verbunden, so finden wir grundsätzlich zwei Typen der aus dem Ei schlüpfenden Jungen: Nestflüchter und Nesthocker (Abb. 41). Bei beiden wiegen die neugeborenen Jungen etwa $^2/_3$ des Frischgewichtes des Eies. Die Nestflüchter jedoch sind sehtüchtig, haben ein dichtes Dunenkleid, werden von ihren Eltern nicht gefüttert und verlassen im allgemeinen wenige Stunden nach dem Schlupf, spätestens innerhalb von 1—2 Tagen, das Nest. Die entwickeltsten Nestflüchter haben die Enten, Schwäne, Gänse und Säger, die sofort auch sehr gut tauchen können. Die extremste Ausbildung zeigen allerdings die Großfußhühner in dieser Hinsicht: ohne ihre Eltern zu „kennen“ sind sie von Anfang an völlig selbständig und gewissermaßen verkleinerte Abbilder der Alttiere. Außer den Entenvögeln gehören zu dem Nestflüchtertyp die Hühnervögel, Trappen, Rallen,

Abb. 41. Nesthocker (a) und Nestflüchter (b). (Verändert nach Portmann)
a Segler (Apus) b Großfußhuhn (Megapodius)

Kraniche, Schnepfenvögel, Lappen- und Seetaucher. Die Nesthocker dagegen sind völlig hilflose, von den Elterntieren abhängige Jungtiere. Sie sind anfangs blind, nackt, müssen gefüttert, gewärmt, ihr Nest muß gereinigt werden. Oft sind sie mit zusätzlichen, nur für diese Zeit entwickelten Organen und Instinkten ausgerüstet: Schnabelwülste, Rachenfarben, Sitzschwielen, Sperr- und Bettelinstinkte usw. Extreme Nesthocker sind: Sperlingsvögel, Kuckucke, Spechte, Racken, Papageien, Tauben, Kormorane, Segler; mit einem Dunenkleid und z. T. auch sehend schlüpfen folgende Nesthocker: Greifvögel, Eulen, Störche, Reiher, Rohrdommeln. Vermutlich sind die Nestflüchter die phylogenetisch ursprünglicheren Formen; zumindest läßt sich feststellen, daß Vögel mit hoher Gehirndifferenzierung stets Nesthocker sind. Das Maß der höheren Cerebralisation und damit das Maß der postembryonalen Hirnentwicklung finden ihren Ausdruck in der längeren Zeitdauer, während der das Jungtier vom Elterntier abhängig ist.

II. ZEITLICHE UND RÄUMLICHE VERBREITUNG

Als geflügelte Abkömmlinge der Reptilien-Unterklasse der *Archosauria* (und hier wiederum der Ordnung der *Thecodontia)* haben sich die Vögel bereits in der Trias (vielleicht schon im Perm?) vom Hauptstamm abgegliedert. In der Jurazeit (vor etwa 175 Mill. Jahren) lebten schon befiederte, primitive, baumbewohnende Formen, Gattung *Archaeopteryx,* von denen wir heute neben einem Federfund (1860) 3 mehr oder weniger gut erhaltene Exemplare kennen (1861, 1877, 1956). Neben einer Reihe von Reptilmerkmalen (langer, aus zahlreichen Wirbeln zusammengesetzter Schwanz; amphicoele Wirbel; Rippen ohne Hakenfortsätze; Vorhandensein von Bauchrippen; freie, nicht miteinander verwachsene Metacarpalia usw.) zeigt die Gattung bereits typisch vogelartige Merkmale (Federn; Gabelbein, vogelartige Hintergliedmaße; nach hinten gerichtete Schambeine; Pneumatizität einiger Knochen). Aus der Kreidezeit (vor etwa 140 Mill. Jahren) kennt man Vögel, die zwar noch Zähne, ansonsten aber ein typisches Vogelskelett wie die modernen Vögel besaßen und z. T. gut fliegen konnten, Gattungen *Hesperornis* und *Ichthyornis.* Erst an der Grenze von der Kreide zum Tertiär (70 Mill. Jahre) findet eine explosionsartige Entfaltung und Ausbreitung von Formen statt, die durchaus den rezenten Vögeln entsprechen und die, mit Ausnahme der *Diatrymae* und der *Aepyornithes,* bis heute lebende Vertreter besitzen. Der Mensch hat allerdings eine Reihe von Arten im Laufe seiner Geschichte schon ausgerottet, von denen nur die Moas, der Riesenalk, die Dronte, die Wandertaube, der Neuseelandadler oder die Aucklandralle genannt sein mögen.

Hinsichtlich der geographischen Verbreitung ist festzustellen, daß es fast keine Art gibt, die weltweit verbreitet ist. Trotz der großen Bewegungsmöglichkeit lassen sich mit Ausnahme mancher Seevögel alle Vogelgruppen zu einer (oder mehreren) der bekannten zoogeographischen Regionen zuordnen. Die Hauptverbreitung findet man in der tropischen und subtropischen Welt, zu den Polen hin nimmt die Zahl der Gattungen und Arten ab. Einzelne, z. T. ursprüngliche Ordnungen sind auf bestimmte Regionen beschränkt: Kolibris gibt es nur auf der westlichen Halbkugel, Strauße und Mausvögel nur in der äthiopischen, Kasuare und Emus nur in der australischen, Nandus und Steißhühner nur in der neotropischen Region. Steppenhühner kommen nur in der Alten Welt, die großen Eistaucher nur in der holarktischen Region vor. Flamingos dagegen sind außer in Australien und Neuseeland, Papageien außer der Holarktis, Spechte außer Neuseeland in allen Regionen verbreitet. Falken, Adler, Reiher, Störche, Enten, Gänse, Kraniche, Tauben, Eulen, Sperlingsvögel u. a. schließlich sind Kosmopoliten. Die artenärmste Region ist Neuseeland, die artenreichste die neotropische Region.

III. VOGELZUG

Massenbewegungen sind im Tierreich weit verbreitet. Neben Massenversammlungen zu Fortpflanzungszwecken (Palolowurm, Seeigel, Hochzeitsschwärme von Mücken, Ameisen, Bienen, Versammlungen von Kröten und Fröschen u. a.) sind die Massenwanderungen, die einen zeitweisen oder dauernden Wechsel der Lebensstätte bedeuten (Wollhandkrabben, Wanderheuschrecken, Libellenzüge, Wanderung der Aale und Lachse, Rentiere und Lemminge, Tundrawölfe und Wale) die auffälligsten biologischen Erscheinungen. Von allen Massenwanderungen im Tierreich ist der Vogelzug am besten durchforscht.

Über die Ursache des Vogelzuges weiß man bisher noch recht wenig, obwohl es an Theorien nicht gefehlt hat (Erd- und stammesgeschichtliche Genese; klimatisch verursachte Entstehung; Abdrängung infolge Überbesiedlung). Biologisch gesehen bedeutet der Vogelzug, daß Brüten und Jungenaufziehen in Brutgebieten stattfinden können, die weit weg von den Ruhegebieten liegen, wobei eine maximale Ausnutzung des in den Brutgebieten vorhandenen Nahrungsgebotes ermöglicht wird und danach erst ein

Abziehen von den Orten periodisch ungünstiger Lebensbedingungen erfolgt.

Nicht alle Vögel wandern. Neben Standvögeln, die auch nach der Brutzeit an ihren Standorten bleiben (Kleiber, Zaunkönig, Amsel, Haubenlerche, -meise), gibt es Teilzieher (Stand-Strichvögel: Raben- und Nebelkrähe, Buchfink, Kohlmeise; Stand-Zugvögel: Großtrappe, Rauhfußbussard, Girlitz). Echte Zugvögel wechseln regelmäßig zwischen einem Brutgebiet und einem mehr oder minder weit entfernten Ruhegebiet. Die in Deutschland brütenden Zugvögel sind reine Sommervögel.

Die Zugauslösung wird durch Klima und Tageslänge bestimmt, Voraussetzung dafür ist die hormonell bedingte Zugbereitschaft. In überwiegendem Maße findet der Zug fliegend statt. Vom amerikanischen Bläßhuhn sind Zugbewegungen zu Fuß bekannt; Pinguine, aber auch streckenweise Alken und Prachttaucher wandern schwimmend.

1. Zugablauf

Die Zugrichtungen sind in Europa in der Hauptsache NO—SW, z. T. reine Westrichtung, in Südeuropa reine Südrichtung, in gewissem Maße auch NW—SO-Richtung. Der häufigste Zugtyp ist der Breitfrontzug. Darunter versteht man eine Zugbewegung in breiter Front über Länder und Meere (nicht auf schmalen „Zugstraßen“, wie man früher annahm), wobei allerdings gewisse Leitlinien orientierend wirken und die Breitfrontzügler zusammendrängen. Solche Leitlinien können Inseln, Gebirge, Küsten, Flüsse, Landengen, Meeresstraßen u. a. sein, in deren Bereich dann richtiggehende Massenzugwege festzustellen sind. Unsere Vogelwarten liegen (oder lagen) an Stellen bedeutender Massenzugwege (Helgoland, Hiddensee, Rossitten, Radolfzell). Bei einigen Arten (z. B. Kranich, Storch, Seeschwalben, Rotrückenwürger u. a.) verlaufen die Zugwege trotz einer ziemlichen Ausdehnung des Brutgebietes auf einer relativ schmalen Bahn, sog. Schmalfrontzug. Dabei wird nur in sehr seltenen Fällen der

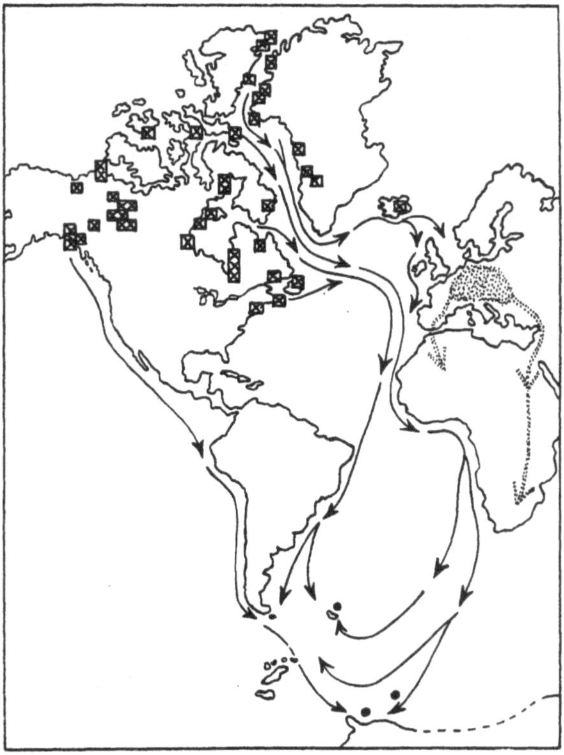

Abb. 42. Zugkarte der nordamerikanischen Küstenseeschwalbe (Sterna paradisea) und des Weißstorches (Ciconia ciconia).

→ Sterna, ☒ Brutplätze, ● Winterung, ... Ciconia.

(Kombiniert nach D i r c k s e n u. a.)

kürzeste Weg vom Brut- zum Ruheort oder umgekehrt (Idealzugweg) eingehalten. Der tatsächlich zurückgelegte Zugweg ist weitaus länger und mit erstaunlichen Umwegen, besonders bei Küstenwanderern, versehen. „Hin-" und „Rückweg" sind nicht immer auf gleichen Strecken, sondern können, wohl meist aus klimatischen Gründen, auf verschiedenen Wegen erfolgen (Schleifenzug; z. B. bei Wachtel, Neuntöter, Laubsängern, manchen Enten, nordamerikanischem Goldregenpfeifer u. a.; vgl. Abb. 42). Außerdem verläuft der Wegzug insgesamt viel langsamer als der meist sehr eilige Heimzug zu den Brutgebieten. So braucht der Storch für den Hinflug zu den Ruhegebieten etwa 100 Tage, für den Rückflug nur knapp 60 Tage.

Die Tagesleistungen auf dem Flug sind weit geringer als gewöhnlich angenommen wird. Singvögel legen im Durchschnitt 60 km, der Storch etwa 200 km pro Tag zurück, Schnepfenvögel halten mit 500 km den Rekord. Die Gesamtleistung ist allerdings imponierend: Storch 10 000 km, Sibirischer Mornellregenpfeifer 12 000 km, nordamer. Goldregenpfeifer 15 000 km, amerik. Küstenseeschwalbe von den arktischen Brutplätzen zu den antarktischen Ruheplätzen 18 000 km — und das zweimal im Jahr. Besonders hohe Anforderungen werden an nichtschwimmfähige Vögel gestellt, die weite Meeresstrecken (Meeresarme, Ozeane) im Non-Stop-Flug zu überwinden haben, so z. B. Bachstelze das 450 km breite Mittelmeer, vorderindische Falken 3000 km bis nach Afrika, nordamerikanische Singvögel 1000 km über den Golf von Mexiko, Sibirischer Goldregenpfeifer 4000 km von Alaska nach den Hawaiischen Inseln!

Viele Vögel ziehen als Einzelwanderer: manche Greifvögel, Würger, Wiedehopf, Wendehals, Kuckuck, Eisvogel u. a. In kleinen Gruppen wandern Störche, Kraniche, Schwalben, in großen Verbänden Stare, Enten, Krähen u. a. mehr. Nicht oft geht der Familienverband geschlossen auf die Reise (Schwäne, Gänse), häufiger wandern die Elternvögel vor den Jungen (Grasmücken, Würger) oder nach ihnen ab wie bei Storch, Star, Schnepfen usw. Entweder ziehen die Geschlechter getrennt (Buchfink, Lerchen, Wassertreter) oder gemeinsam, und schließlich können die Zugvögel in reinen Verbänden (Kraniche, Störche,

Schwalben) oder in mischgeselligen Gruppen (Finken, Drosseln, Tauben, Krähen) fliegen. Für manche Arten sind streng eingehaltene Zugformationen kennzeichnend: Kraniche ziehen in der charakteristischen Winkelform, Enten in Keilform (Abb. 55), Stare in den bekannten dichten Pulks, Austernfischer in breiten Linien. Während die Kraniche, Gänse, Limikolen, Drosseln u. a. kontaktrufende Zugvögel sind, bleiben andere wiederum, wie Greifvogel, Kuckuck, Star, auf dem Zuge stumm. Als Tagflieger kennen wir Storch, Kranich, Buchfink u. a. auf dem Zuge, als Nachtflieger, tagsüber ganz ruhend oder Nahrung suchend, kommen vor allem Enten, Schnepfenvögel und viele kleine Insektenfresser in Frage.

2. Zugorientierung

So gut wir heute durch die Beringungsmethoden von vielen Arten über ihren Zugablauf Bescheid wissen, so problematisch ist bis jetzt noch, trotz bedeutender Erfolge gerade in letzter Zeit, die Frage nach dem Wie der Orientierung. Das zielstrebige Ansteuern eines bestimmten Platzes über Kontinente hinweg, besonders bei der Rückkehr ins Brutgebiet, setzt bestimmte Reize der Umwelt und bestimmte Reizempfänger seitens des Vogels voraus. Wie besonders aus großzügigen Verfrachtungsversuchen an Tauben, Krähen, Silbermöwen, Störchen, Seeschwalben u. a. geschlossen werden kann, navigieren die Vögel nach der Sonne, nächtliche Zugvögel (z. B. Grasmücken) auch nach dem Sternenbild. Der Orientierungswinkel zur Sonne hängt dabei von der jeweiligen Tageszeit ab (Abb. 43), d. h. aber, daß die Vögel ein Zeitempfinden haben müssen, mit Hilfe dessen sie den täglichen und auch jahreszeitlich unterschiedlichen Sonnenlauf mit in Rechnung stellen können. Die Navigation nach den beiden Koordinaten des Sonnenstandes in Verbindung mit der inneren Uhr genügt aber für die Erklärung des Orientierungsproblemes noch nicht. Hinzu kommt sicher ein ererbtes Schema, ein bedeutendes Ortsgedächtnis und eine eigene auf einem angeborenen

Richtungsfinden aufbauende Richtungs-Selbstdressur. Angeborenes und Geprägtes, Gelerntes und Ererbtes verknüpfen sich so zu einem verwickelten, in vielen Punkten noch zu klärenden Gefüge.

IV. VERHALTENSWEISEN

Tierisches Verhalten ist einerseits vorwiegend an Laboratoriumstieren (Ratten, Mäuse, Meerschweinchen, Hunde, Katzen, Affen) von der hauptsächlich in USA gepflegten Schule der „comparative Psychology“, andererseits in Europa von der etwa seit 1930 als eigene Richtung sich entwickelnden Ethologie besonders an Vögeln, Fischen und Insekten studiert worden. An Tauben- und Entenvögeln wurden um die Jahrhundertwende die ersten Erkenntnisse darüber gewonnen, daß auf bestimmte Verhaltensweisen der Homologiebegriff der vergleichenden

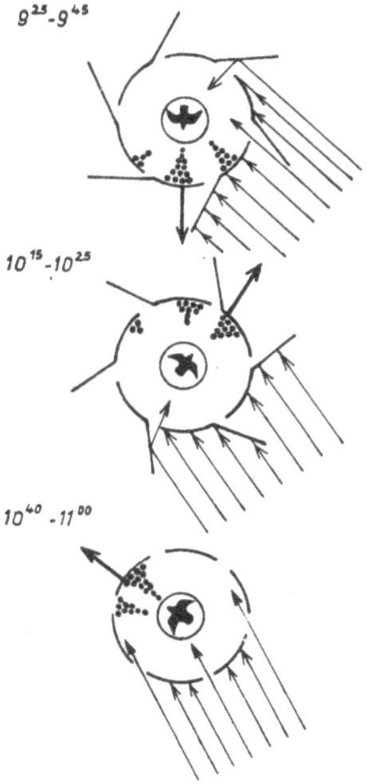

Abb. 43. Zugbereiter Star im Spiegelkäfig zum Studium der Sonnenorientierung der Vögel. (Nach Kramer). Der durch dünne Pfeile angedeutete horizontale Einfall von Sonnenstrahlen kann durch versetzbare Spiegel geändert werden. Die schwarzen Punkte deuten in gleichen Zeitabständen gewonnene Einzelbestimmungen an. Resultierende Gesamtrichtung (dicke Pfeile) durch Vektorrechnung ermittelt

Morphologie und Phylogenetik anwendbar ist. Seit dieser Zeit waren es neben den Insekten und Fischen immer wieder die Vögel, an denen Zugänge zur Analyse ethologischer Gesetzmäßigkeiten gefunden wurden.

Ganz allgemein setzt sich tierisches Verhalten aus reaktivem Verhalten (Beantwortung äußerer Reize) und spontanem Verhalten (spontane Aktion auf inneren Faktoren wie Trieb, Drang, Stimmung beruhend) zusammen. Dabei sind die Kausalfaktoren Reaktion und Aktion durchaus objektiv erforschbar. In vereinfachter Form läßt sich die Physiologie des Verhaltens in einem Handlungsdiagramm darstellen, das sich aus 3 Komponenten aufbaut:

1. Als Appetenzverhalten (appetitive behavior) bezeichnet man das zweckgerichtete Aufsuchen einer Reizquelle, das primär als ein ungerichtetes Suchen nach der Reizsituation beginnt und im komplexesten Falle sich als Einsicht und Lernen manifestiert. Im Gegensatz zu einem erfahrungslosen Jungvogel wird ein Altvogel z. B. beim Appetenzverhalten „Hunger“ zielstrebig eine ergiebige Futterquelle aufsuchen.

2. Ein im Nervensystem des Vogels zu suchender Empfangsapparat für ganz bestimmte Reize (Schlüsselreize), der nur nach „Ansprechen“ spezifische Reaktionen in Gang bringt, ist der „Angeborene auslösende Mechanismus“ (AAM; Innate Releasing Mechanism = IRM).

3. Am Schluß einer längeren Kette von Verhaltensweisen findet sich eine starre, keine Veränderlichkeit aufweisende, nicht zweckgerichtete, artbezeichnende Endhandlung (consummatory act), die das Ziel zweckgerichteten Verhaltens ist und auch als zielbildende Erbkoordination bezeichnet werden kann.

Das reaktive Verhalten ist weitgehend von der Leistungsfähigkeit der Sinnesorgane (S. 50 ff.) abhängig. Trotzdem besteht ein wesentlicher Unterschied zwischen den überhaupt wahrnehmbaren Reizen und denen, die reaktionsauslösend sind. Selbst innerhalb eines Sinnes ist stets nur ein bestimmter Ausschnitt aus der empfangenen Reizqualität verhaltenswirksam. Obwohl ein Rotkehlchen durchaus sehtüchtig ist, spricht ein in Stimmung befindliches Männchen auf ein rotes Federbüschel viel heftiger an und bekämpft es energisch, als beispielsweise auf ein natürlich ausgestopftes Rotkehlchen ohne das charakteristische Brustrot. Das Rot ist in diesem Fall ein Signalreiz, ein entscheidender, das Verhalten auslösender und den AAM „aufschließender" Schlüsselreiz. Ein solcher Schlüsselreiz für ein kopulationsbereites Haselhuhnmännchen ist z. B. die empfangsbereite, geduckte Haltung der Henne. Nicht die Farbe und Form des Partners ist dabei das entscheidende Kriterium, sondern nur die Haltung. Das Männchen kann zwar die Geschlechter unterscheiden, aber im Attrappenversuch kopuliert es auch andere Hähne, wenn sie die Hennenhaltung einnehmen. Die Eigenwelt eines Vogels wird also nicht nur von den Qualitätsleistungen seiner Sinnesorgane bestimmt, sondern — solange nicht Lernprozesse hinzukommen — auch noch von seinen ererbten Schlüsselreizen. Weitere bekannte Signalreize, die besonders durch das Ansprechen auf Attrappen experimentell studiert wurden, sind im Vogelreich: Der rote Fleck am Unterschnabel der Silbermöwen, der von den Jungtieren angebettelt wird (Abb. 44); die kurznackige, langschwänzige (nicht umgekehrt!) Kreuzattrappe (Abb. 45), die das Flugbild unserer Greifvögel nachahmt und für Hühner-

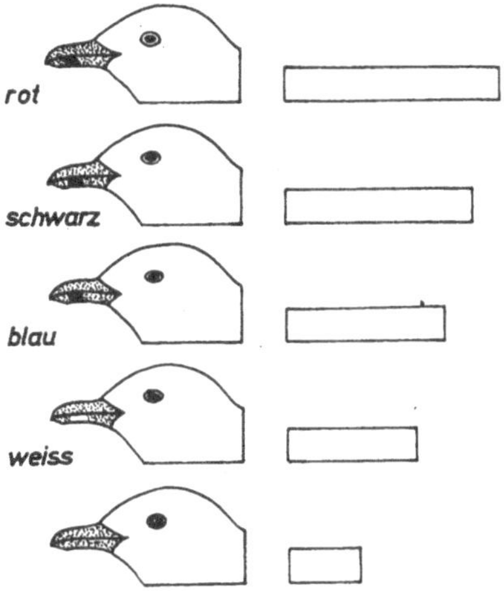

Abb. 44. Unterschnabel-Fleck an Silbermöwen-Kopfattrappen als Schlüsselreiz für die bettelnden Jungvögel. Die Balkenlängen repräsentieren die relative Häufigkeit des Zupickens erfahrungsloser Jungtiere. (Nach Tinbergen)

und Entenvögel fluchtauslösend wirkt; die Erschütterungs-Reize am Nest von noch blinden Singvogeljungen, die ein senkrechtes Aufwärts-Sperren auslösen; das laute Piepen eines Hühnerkückens als Alarmruf zum Herbeieilen der Glucke (ein festgebundenes, piependes Kücken unter einer schalldichten Glasglocke löst, auch wenn es dabei von der Mutter beobachtet werden kann, keine Reaktion aus); das aus dem Nest gerollte Ei eines brütenden Entenvogels usw. Interessant, keineswegs aber schon biologisch erklärbar, ist die Tatsache, daß es auch übernormal wirkende Signalreize gibt. So zieht der Austernfischer ein Fünfergelege dem normalen Dreiergelege oder ein übergroßes Riesenei seinem eigenen aus dem Nest gerollten Ei vor. Daß es neben auslösenden auch richtende Reize und genau analysierbare Orientierungsweisen gibt, kann hier nur am Rande vermerkt werden.

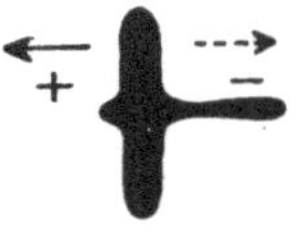

Abb. 45. Kreuzattrappe für Nestflüchter. Positiver und negativer Wert der Bewegungsrichtungen. (Nach Krätzig)

Das spontane Verhalten drückt sich ganz allgemein bei den auslösenden Schlüsselreizen (und den übernormalen Signalreizen) in einem Ansprechen von Innenfaktoren aus, die als „Stimmung“ notwendige Voraussetzung einer Reaktion sind. Je nach der übergeordneten Stimmung (z. B. Paarungs-, Nist- oder Jagdtrieb) erfolgt ein spezifisches Suchverhalten nach der auslösenden Reizsituation, das als Appetenz zur Endhandlung führt. Das Appetenzverhalten ist zielstrebig (z. B. Suchen nach Nestmaterial), kann zu einem Ruhestand führen (z. B. Aufsuchen des Schlafplatzes), braucht sich aber nicht in einer Endhandlung erschöpfen (z. B. Suchverhalten des jagenden Wanderfalken, danach spezialisiertes Appetenzverhalten je nach der gefundenen Beute: gradliniger Anflug auf Maus, Scheinzustöße auf Entenkette usw.). Im kompliziertesten Falle kommt es zu einem z. T. monatelangen, sehr plastischen und anpassungsfähigen Appetenzverhalten wie beim Vogelzug. Allgemein läuft das Suchverhalten der Appetenz so lange ab, bis Signalreize zum Aufschließen der

AAM gefunden werden. Die für die Summation der äußeren Reize und die für die Bestimmung von deren reaktionsauslösendem Wert notwendigen nervösen Vorgänge sind der Auslösende Mechanismus (AAM) oder das auslösende Schema und als solche sicher angeboren. Daneben gibt es aber auch bestimmt einen erlernten Auslösemechanismus. Der Lernvorgang kann dabei den AAM objektspezifischer machen, wie im Beispiel der Prägung von Gänse- oder Entenkücken zu ersehen ist. Der Anblick und Lockruf eines tierischen Lebewesens (einschließlich Mensch) in den ersten 48 Stunden nach dem Schlupf prägt die Kücken auf dieses Objekt, dem sie von nun an als ihrem Kumpan folgen. Diese Prägung fällt in eine dafür außerordentlich sensible Phase, die sehr schnell vorüber ist, und stellt ein nicht umkehrbares Erlernen dar. — Bei häufiger Wiederholung eines einzelnen Schlüsselreizes kann es zu Ermüdungserscheinungen des zugehörigen, angesprochenen AAM kommen. Andere Schlüsselreize desselben angeborenen, auslösenden Mechanismus können dagegen noch voll wirksam sein: Wenn die Sperrbewegungen nestjunger Buchfinken infolge engumschriebener Ermüdung durch Erschütterungsreize nicht mehr ausgelöst werden können, so sind sie anschließend durch akustischen Reiz durchaus hervorzubringen und umgekehrt. Andererseits kann es bei längerem Fehlen eines geeigneten auslösenden Reizes spontan zum Ablaufen einer Verhaltenskette kommen, die dann ohne nachweisbare äußere Reize sich als Leerlaufreaktion vollzieht und die spezifische, angestaute Energie zur Entladung bringt. So kennt man Leerlauf-Insektenfänge von Seidenschwänzen bei langanhaltendem strengen Frost, ein Leerlauf-Ausgraben von Wespennestern bei jungen Wespenbussarden im Horst und besonders Leerlaufreaktionen von gekäfigten Vögeln: Nachfliegen, Fangen, Töten, Verschlucken (!) von imaginären Insekten durch gekäfigte Stare; oder plötzliche unmotivierte Fluchtreaktionen zahlreicher Stubenvögel. Auch hier zeigt sich, daß die Endhandlungen als Abschluß einer meist längeren Verhaltenskette das Tier befriedigen, sich selbst erschöpfen und das Ziel jeden Appetenzverhaltens sind. Nicht das gesuchte Objekt, oder die gefundene Situation, sondern die starre Endhandlung ist der „Zweck" tierischen Verhaltens.

Wenn nun, wie es oft im Leben der Vögel vorkommt, zwei gleich starke, aber entgegengesetzte Triebe aktiviert werden (Kampf-, Fluchttrieb), die sich bei überstarker Erregung auf dem normalen Wege nicht entladen können, treten sog. Übersprunghandlungen auf. Darunter versteht man Verhaltensweisen, die zur gegenwärtigen Situation beziehungslos sind und denen auch eine jeder Handlung eigene Orientierungskomponente fehlt. So picken plötzlich in der größten Erregung miteinander kämpfende Hähne auf dem Boden, ohne Futter aufzunehmen oder nach dem Futter zu sehen; sie fixieren vielmehr den Gegner. Die Erregung springt bei ihnen also gewissermaßen auf eine dritte Bahn über, und die daraus resultierende Handlung ist allochthon (nicht autochthon wie das normale Freß-Picken). Es sind im Vogelreich mannigfache Übersprungbewegungen bekannt: Übersprungputzen kämpfender Stare, Kraniche oder balzender Erpel; Übersprungsingen der vom Greifvogel bedrohten Blaumeise; Übersprungschlafen (Schnabel plötzlich ins Gefieder stecken) kämpfender Säbelschnäbler, Austernfischer oder Steinwälzer; Übersprungnestbauen (Grasrupfen, Scharrbewegungen) kämpfender Silbermöwen und andere.

Weitestgehendst erstarrte Übersprunghandlungen können sich bis zu Ritualisierungen entwickeln, die allgemein als „Zeremonien" besondere Ausdrucksfunktion im Sozialverhalten haben. So sind besonders die Hetzbewegungen balzender weiblicher Entenvögel ritualisierte Balzbewegungen, die ursprünglich aus der Konfliktsituation zwischen Angriffsstimmung gegen einen tatsächlich vorhandenen (oder eingebildeten) Gegner und einem Schutzsuchen beim eigenen Erpel (wie es uns heute noch die Rostgänse zeigen) entstanden sind.

Besondere Bedeutung gewinnt das Studium der Verhaltensweisen für die Beurteilung der Soziologie der Tiere. Nicht alle Vögel (z. B. Wanderfalke) sind soziale Vögel wie beispielsweise die im Schwarm lebenden Stare. Schon manches im Verhalten eines Brutpaares ist soziales Verhalten, soziallebig heißt allgemein ein mehr oder minder starkes Zusammenhalten mehrerer oder vieler Individuen, deren einzelne Individualität mehr oder weniger zugunsten des Sozialverbandes eingeschränkt wird. Folgende Sozial-Typen (Beziehungstypen) lassen sich in der Vogel-Soziologie unterscheiden:

1. Mosaikverflechtung: Hierunter versteht man die besonderen sozialen Beziehungen zwischen verschiedenen Tierarten, z. B. die interspezifischen Saisonvergesellschaftungen mancher Vögel im Winter (Meisen, Buch-, Grün-, Bergfink, Krähen, Dohlen, Haussperling, Feldsperling u. a.) oder während der Wanderung (Steinwälzer, verschiedene Strandläuferarten); die

Abb. 46. Individual-Distanz bei Schwalben. (Verändert nach Bopp)

Freßgesellschaften von Vogel und Säuger (Geier und Hyäne) usw.

2. Gruppen-Distanz: d. h. die Distanzierung einzelner Gruppen innerhalb einer Vergesellschaftung höherer Ordnung. So bilden brütende Pinguine innerhalb der Gesamtkolonie „Kindergärten“, „Eheurlaubsverbände“ u. a. m.

3. Individual-Distanz: d. h. ein Beziehungstyp verschiedener Individuen gleicher Spezies. Er ist zu unterteilen in den Typ mit einem konstanten, nicht zu unterschreitenden Minimalbestand innerhalb eines Gruppenverbandes, sog. Distanztyp (Möwen, Schwalben; Abb. 46) und den Kontakttyp ohne akzeptierten Minimalbestand (Wellensittich).

Das Sozialleben erfordert insgesamt natürlich bestimmte Verhaltensweisen, die bei den zwischentierlichen Beziehungen die Funktionen des gegenseitigen Verstehens und der gegenseitigen Anerkennung zu übernehmen haben. Bestimmte Ausdrucksbewegungen stehen im Dienste solcher Koordinationen sozialen Lebens der Vögel: die Balzstellungen vieler Vögel, das Imponiergehaben („Prahlen“) balzender Männchen, das Drohfauchen der Entenartigen, Spechte und Meisen, das übertriebene Flügelzittern als Bettelbewegung bei Jungvögeln und manchen Altvögeln während der Balz, die Demutsgebärden (Hindrehen des leicht verwundbaren Hinterhauptes) zur Besänftigung des Gegners bei Rallen und Rabenvögeln, die Alarmsignale (z. B. Haushuhn) und Stimmfühlungslaute (Nachtreiher und Störche, die zum Nest fliegen; Perlhühner im dichten Busch), das „Verleiten“ des Kiebitzes zur Feindabwehr vom Nest und manches andere gehört hierher. Daneben spielt andererseits der Kampf im Sozialleben eine entscheidende Rolle. Die Männchen kämpfen in den nie tödlichen Fortpflanzungskämpfen untereinander um die Weibchen, das Nest und einen Raum um das Nest, das Revier. Bei Wassertretern kämpfen allein die Weibchen untereinander. Manchmal kommt auch ein Kampfverhalten gegen Artfremde vor (Stare vertreiben Sperlinge u. a. aus den Nisthöhlen). In den Kämpfen um die Rangordnung geht es letzten Endes um die Stabilisierung einer bestimmten Gruppenharmonie, die wiederholte Kämpfe ausschließen und extreme soziale Spannungen vermeiden soll („Hackordnung“ auf dem Hühnerhof), wobei allerdings die soziale nicht mit der sexuellen Dominanz gleichzusetzen ist (ein rangtiefes Dohlenweibchen steigt zum ranghohen Männchen auf, wenn es mit diesem verlobt ist).

Zusammenfassend ist festzustellen, daß auch die Ethologie wie jede andere biologische Disziplin für phylogenetische und systematische Fragestellungen eingesetzt werden kann. Im Sinne des „Biogenetischen Grundgesetzes“ läßt sich sogar im Verhalten von Jungvögeln eine Wiederholung des Ahnenverhaltens registrieren: Lerchen, Stelzen und Pieper hüpfen in früher Jugend wie vermutlich ihre Vorfahren, als Erwachsene laufen sie. Gerade die typischen Ritus-Bewegungen, die Übersprunghandlungen und manche andere Züge spontanen, ererbten Verhaltens lassen sich oft nur auf dem Wege vergleichender, homologisierender Forschung erklären. Sie zeigen, daß Verhaltensweisen ebenso stammesgeschichtlichen Entwicklungen unterliegen wie morphologische Charaktere auch. Die Kenntnis vergleichbarer Verhaltensweisen erlaubt dadurch ebenfalls Aussagen über den Grad der jeweiligen Verwandtschaft und die systematische Gruppierungsmöglichkeit der betreffenden Studienobjekte.

B. SYSTEMATISCHER TEIL

1. Das System der Vögel

Eine Taxonomie der Vögel im Sinne echter, alle fossilen und rezenten Vertreter umfassenden Verwandtschaftsbeziehungen innerhalb der gesamten Klasse gibt es bis heute nicht. Die *Aves* stellen im Gegensatz zu den Reptilien oder Säugern einen in starkem Maße einheitlichen Typus dar, alle Ordnungen sind hochspezialisiert, ausreichendes fossiles Material fehlt bisher, und auch die Ontogenese bietet wenig taxonomische Ansatzpunkte. So sind — zumindest in den höheren Kategorien — die verwandtschaftlichen Beziehungen weitestgehend unklar. Es kann daher nur eine Systematik der Vögel als ein auf den bisherigen morphologischen, anatomischen, physiologischen, embryologischen und ethologischen Kenntnissen basierendes Ordnungsprinzip der Vielfalt der Vogelarten geboten werden, ein Prinzip, das sich selbstverständlich nach unterschiedlichen Gesichtspunkten handhaben läßt. Es gibt deshalb auch außerordentlich viele Systeme der Vögel, von denen sich heute in zunehmendem Maße die von MAYR und AMADON (1951) und WETMORE (1951) durchsetzen. Beide sind deshalb nachfolgendem Überblick über das System auch zugrunde gelegt. Einige weniger wichtige Gruppen niederer Kategorien sind weggelassen.

Stammesgeschichtlich leiten sich die Vögel von den Reptilien, und zwar von den *Pseudosuchiern*, einer Unterordnung der *Thecodontia* (S. 89) her. Die enge Verwandtschaft ist auch heute noch unverkennbar. In überspitzter Formulierung könnte man die Vögel deshalb auch als flugbegabte, federtragende, gleichwarme Reptilien bezeichnen. Fast alle morphologischen und physiologischen Unterschiede der Vögel gegenüber den Reptilien sind nur Anpassungsmerkmale an das Flugvermögen. Schon vor 100 Jahren hat Th. H. Huxley (1861) die Reptilien und Vögel unter der gemeinsamen klassifikatorischen Bezeichnung der *Sauropsidae* zusammengefaßt.

Linné beschrieb 1758 554 Vogelarten, Sharpe nahm anderthalb Jahrhunderte danach 18 937 Spezies an, Stresemann schätzte sie 1935 auf annähernd 9000. Heute kennen wir 8590 echte Arten für die gesamte Welt, zu denen vorläufig pro Jahr 1—3 Vogelarten hinzukommen, wobei die Veränderungen ihrer Gesamtzahl im wesentlichen auf einer immer ausgefeilteren Technik des Systematisierens und der klareren Erfassung und Abgrenzung der Unterarten beruhen. Während noch in der Zeit von 1920—1935 jährlich etwa 10—12 neue, echte Arten entdeckt wurden, waren es 1942—1952 jährlich nur noch etwa 3—5. Die bemerkenswerteste Entdeckung einer neuen Vogelart war wohl 1936 der Fund des Kongopfaues (*Afropavo congensis* Chapin) in den Kongo-Urwäldern.

Die Klasse der Vögel wird heute in ungefähr 30 Ordnungen eingeteilt, von denen die Sperlingsvögel (*Passeres*) mit 5100 Arten bei weitem die umfangreichste Ordnung darstellen. Zu den artenreichsten Ordnungen gehören ferner die *Macrochires* (398), *Pici* (381), *Psittaci* (316), *Columbae* (308) und *Laro-Limicolae* (308), andererseits enthält die Ordnung der *Struthiones* nur 1, *Rheae* 2 und *Apteryges* nur 3 Arten.

2. Überblick über das System

I. Unterklasse: *Archaeornithes* — Urvögel

1. Ordnung: *Archaeopterygiformes* — Echsenvögel

Ausgestorbene erste Vogelvertreter aus dem oberen Jura von Franken. Befiedert, mit einer Reihe von Reptilien- und Vogelmerkmalen S. 89), zahntragend (Abb. 47) Größe zwischen Taube und Huhn. Lebensraum waren vermutlich die Wälder in der näheren und weiteren Umgebung des Jurameeres. Klettervermögen. Fallschirm- und Flattertier. Alle 3 bisher bekannten Funde (1861, 1877, 1956) gehören einer Art an, *Archaeopteryx lithographica* H. v. MEYER.

II. Unterklasse: *Neornithes* — eigentliche Vögel

1. Überordnung: *Odontognathae* — Zahnvögel

2. und 3. Ordnung:

Ichthyornithes und *Hesperornithes* (†)

Fossile Vögel aus der oberen Kreide von Westkansas mit bezahntem Ober- und Unterkiefer, Zwischenkiefer von Hornscheide überzogen.

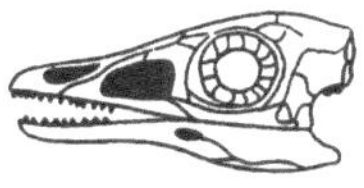

Abb. 47. Schädel von Archaeopteryx lithographica. (Nach Heilmann aus Kuhn-Schnyder, umgezeichnet)

Gattung *Ichthyornis* etwa taubengroß; guter Flieger, Fischfresser.

Gattung *Hesperornis* etwa 2 m lang; ohne Flugvermögen, ausgezeichnete Schwimmer und Taucher.

2. Überordnung: *Neognathae* — moderne Vögel

Im Tertiär entwickelten sich die modernen Vogelgruppen, von denen keine eine besondere stammesgeschichtliche Bedeutung gewonnen hat. Fast alle Vögel des Miozäns gehören noch heute bestehenden Gattungen an. Die früher geübte Aufstellung der *Ratitae* (Flachbrustvögel, Laufvögel) muß fallengelassen werden, da alle hierher gehörigen Gruppen stammesgeschichtlich nicht zusammengehören. Ihre morphologischen Übereinstimmungen sind Konvergenzerscheinungen.

4. Ordnung: *Struthiones* — Strauße

Flugunfähige Laufvögel: bis 2,5 m hoch, größte noch lebende Vögel. Kopf, Hals, Beine bis auf die Schenkel unbefiedert. Männchen und Weibchen färbungsverschieden. Bürzeldrüse fehlt. Nur 2 Zehen (Abb. 14). — In Wüsten- und Steppengebieten von Afrika, Arabien und Vorderasien. — Nähren sich vorwiegend vegetabilisch, aber auch animalisch. Während der Brutzeit paarweise, sonst in größeren Verbänden. 12—15 kalkweiße, porzellanartig glänzende Eier pro Gelege. Ei sehr groß (etwa 13 × 16 cm), Frischvollgewicht etwa 1½ kg (= etwa 25 Hühnereier oder 8500 Kolibrieier). Männchen und Weibchen brüten abwechselnd, Männchen meist nachts. Brutdauer etwa 42 Tage. Nestflüchter. — Schmuckfedern (Flügel- und Schwanzfedern der Männchen) begehrtes Handelsobjekt; Züchtung deshalb in Straußenfarmen. — 1 Gattung mit 1 Art: *Struthio camelus;* 6 Unterarten.

5. Ordnung: *Apteryges* — Kiwis und Moas (†)

Kiwis (Abb. 48) (Fam. *Apterygidae)* sind flugunfähige, etwa hühnergroße Laufvögel. Flügel und Schwanz verkümmert, ohne Schwung- und Steuerfedern; Gefieder haarähnlich. Schnabel dünn, lang, gebogen, schnepfenähnlich. Nasenlöcher an Schnabelspitze. Sehr gutes Riechvermögen, schlechtes Sehvermögen. 3 kräftige, mit Grabkrallen ausgerüstete Vorderzehen, 1 spornähnliche, kurze Hinterzehe. — In Waldungen Neuseelands. — Nahrung Würmer, Insekten, Weichtiere, auch Beeren. Nachtvögel, tagsüber in Erdhöhlen. Während der Brutzeit paarweise, sonst in kleineren Verbänden. 1 relativ sehr großes Ei (etwa 450 g Frischvollgewicht) pro Gelege. Männchen brütet allein. — 1 Gattung *(Apteryx)* mit 3 Arten. —

Abb. 48. Kiwi (Apteryx australis)

Moas (Fam. *Dinornithidae)* waren straußenähnliche Riesenvögel, die aus Skelett-, Haut-, Sehnenresten, Federn und Eierschalen bekannt sind. Der größte Moa *(Dinornis maximus)* hatte eine Höhe von mindestens 3,30 m. Größte Eier, hatten ein Frischvollgewicht von etwa 2200 g. — Sollen um die Mitte des 14. Jahrhunderts auf der Nordinsel Neuseelands noch gelebt haben. Mehrere Arten.

6. Ordnung: *Aepyornithes* — Elefantenvögel (†)

Riesenvögel von mindestens 3 m Höhe, infolge konvergenter Entwicklung den Moas außerordentlich ähnlich. Bemerkenswert große Eier. Eines der 20 vollständig erhaltenen Eier faßt im Mittel etwa 9 Liter (= etwa 6 Straußeneier!). — Noch im Pleistozän in den Urwäldern im Innern von Madagaskar. Wahrscheinlich der zunehmenden Entwaldung zum Opfer gefallen.

7. Ordnung: *Casuarii* — Kasuare

Flugunfähige Laufvögel mit verkümmerten Flügeln und Schwanz. Füße mit 3 nach vorn gerichteten Zehen. Afterschaft der schmalen Federn ist mit dem Hauptschaft gleichlang. Kasuare mit hornüberzogenem Knochenhöcker auf dem Kopfscheitel. — Auf die Australische Region beschränkt. — Kasuare sind Wald-, Emus Steppenbewohner. — Leben vorwiegend von Früchten, Sämereien, grünen Pflanzenteilen, auch von Kleingetier. Die etwa 600 g schweren hell- bis dunkelgrünen Eier werden von den Männchen ausgebrütet. — Zwei Familien: Kasuare *(Casuariidae)* mit einer Gattung *(Casuarius)* und 3 Arten (Abb. 49); Emus *(Dromaeidae)* mit 1 Gattung *(Dromaeus)* und 2 Arten.

Abb. 49. Kasuar (Casuarius uniappendiculatus)

8. Ordnung: *Rheae* — Nandus

Straußenähnliche Laufvögel, Kopf und Hals befiedert. 3 nach vorn gerichtete Zehen. Geschlechter gleichgefärbt. Länge der Männchen 1,5 m. — In den Pampas und Hochsteppen von Südamerika. Hervorragende Läufer. Fressen Blätter, Beeren, Sämereien. Leben polygam: 1 Männchen mit 5—7 Weibchen, die bis 20 Eier in ein gemeinsames Gelege absetzen, das nur vom Männchen ausgebrütet wird. — Zwei Gattungen *(Rhea* und *Pterocnemia)* mit je einer Art.

9. Ordnung: *Crypturi (Tinamiformes)* — Steißhühner

Hühnerartige Bodenvögel. Kurze Flügel, sehr kurzer oder fehlender Schwanz. Stark entwickelte Bürzelbefiederung. Geschlechter gleichgefärbt. Hinterzehe sehr klein oder fehlend. — Mexiko bis Patagonien. Bewohnen die Grassteppen und auch die Waldungen der Ebenen und Gebirge. — Nähren sich von Samen, Früchten und Insekten. Schwerfälliger Flug, gute und gewandte Läufer. Leben paarweise. Bebrütung der Eier in der Mehrzahl nur durch das Männchen. — 1 Familie *(Tinamidae)* mit 9 Gattungen und 33 Arten.

Abb. 50. Kaiserpinguin (Aptenodytes forsteri)

10. Ordnung: *Sphenisci* — Pinguine

Flugunfähige Meeresbewohner. Kurze, schuppenartige Federn bedecken den ganzen Körper, auch die Flügel, ohne Fluren zu bilden. Sehr kurzer Lauf; alle 4 Zehen nach vorn gerichtet, 3 durch Schwimmhaut verbunden. Die Flügel werden als Ruder gebraucht. Flügeltaucher. — Im Südpolargebiet, südliche Küsten Australiens„ Amerikas und Afrikas, Inseln des südlichen Stillen, Atlantischen und Indischen Ozeans. Mit kalter Meeresströmung bis zu den Galapagos-Inseln. — Außerhalb der Brutzeit ausschließlich schwimmend und tauchend. Zur Brutzeit zu Tausenden an entlegenen Gestaden. Hochentwickeltes Sozialleben. Nahrung neben kleinen Krebsen vorwiegend Fische und Weichtiere. 1 Familie *(Spheniscidae)* mit 6 Gattungen und 16 Arten. Größte Art der über 1 m lange Kaiserpinguin, *Aptenodytes forsteri* (Abb. 50); auf Galapagos *Spheniscus mendiculus*, ein Brillenpinguin.

11. Ordnung: *Tubinares* — Sturmvögel

Hochseevögel mit röhrenförmig vorgezogenen Nasenlöchern, Schnabel mit starkhakiger Spitze. Hinterzehe fehlt oder nur kurzer bekrallter Stummel. Vorderzehen mit Schwimmhaut. Starker Moschusgeruch der Vögel. — Alle Meere von der Arktis bis Antarktis. — Sehr gewandte Flieger, fast ununterbrochen unterwegs, auch nachts. Brüten auf Klippen und Felsenküsten. Auffallend lange Brutdauer und Jugendentwicklung. Gelege enthält stets nur 1 Ei. Nahrung bei den kleinen schwalbengroßen Arten Plankton, bei großen Arten Fische, Weichtiere, Quallen, Abfälle der Schiffe, Aas. — 3 Familien: Albatrosse *(Diomedeidae)* mit 2 Gattungen *(Diomedea* und *Phoebetria),* 13 Arten, vom Südatlantik bis Japan; größte Formen bis 8 kg Gewicht und 3,5 m Flügelspanne. — Möwensturmvögel und Sturmschwalben *(Procellariidae)* mit ingesamt 73 Arten, die in 2 Unterfamilien zusammengefaßt sind. Hierher gehören u. a. Riesensturmvogel, *Macronectes giganteus,* des Südpolargebietes; Eissturmvogel, *Fulmarus glacialis,* lachmöwengroß (Abb. 51), im Nordatlantik und nördlichen Eismeer, brütet in Schottland, von den Seeleuten „Mallemuck" genannt; Sturmtaucher *(Puffinus)* und Sturmschwalben *(Hydrobatinae)* mit *Hydrobates pelagicus,* dem

Abb. 51. Eissturmvogel (Fulmarus glacialis)

Wassertreter oder St. Petersvogel, einem mehlschwalbengroßen Vogel. — Tauchsturmvögel *(Pelecanoididae)* schlechtfliegende Nachtvögel der südamerikanischen, australischen, neuseeländischen Küstengebiete und mancher Inseln des Stillen Ozeans. Tauchen von der Wasseroberfläche aus. Nur 1 Gattung *(Pelecanoides)* mit 4 Arten. Nicht zu verwechseln mit den Pelikanen!

12. Ordnung: *Podicipedes (Colymbiformes)* — Lappentaucher

Den Seetauchern ähnliche, jedoch mit Spaltschwimmfuß versehene Wasservögel. Ohne eigentliche Schwanzfedern. — Fast über die ganze Erde verbreitet, Gattung *Podiceps* paläarktisch. Süßwasserbewohner, die stehende und langsam fließende Binnengewässer bevorzugen. — Laufen und fliegen schwerfällig, aber ausdauernd; schwimmen und tauchen vorzüglich. Schwimmnester aus faulendem Pflanzenmaterial, pro Gelege 4—6 spitzovale, kalkweiße Eier, die bei Bebrütung durch die faulenden, feuchten Pflanzenstoffe langsam braun werden. Nestflüchter. Junge klettern Altvögeln gern in das Rückengefieder und lassen sich von ihnen umhertragen. Nahrung Weichtiere, Wasserinsekten, Fische, Amphibien und deren Larven, Wurzelknollen u. a. Pflanzenteile. — 4 Gattungen: *Podiceps, Centropelma, Podilymbus, Aechmophorus* mit insgesamt 20 Arten. In Deutschland vertreten durch Haubentaucher *(Podiceps cristatus;* Abb. 52), Rothalstaucher *(P. griseigena)*, Ohrentaucher *(P. auritus)*, Schwarzhalstaucher *(P. nigricollis)* und Zwergtaucher *(P. ruficollis)*.

Abb. 52. Haubentaucher (Podiceps cristatus)

13. Ordnung: *Gaviae* — Seetaucher

Wasservögel mit vollständiger Schwimmhaut zwischen den 3 Vorderzehen und im Gegensatz zu den Lappentauchern vollständigem Schwanz. — Arktische Küstengebiete Amerikas und Eurasiens. Im Winter weite südliche Wanderungen, z. T. bis ins Mittelmeer-Gebiet. Außerhalb der Brutzeit meist auf dem offenen Meer, während der Brutzeit auf Binnengewässern in Meernähe. — Schwimmen und tauchen meisterhaft; gute, ausdauernde Flieger; können an Land sich nur rutschend bewegen. Gelege fast immer nur aus 2 braunen Eiern. Nestflüchter. Nahrung ausschließlich Fische. — 1 Gattung *(Gavia)* mit 4 Arten: Eistaucher

(G. immer), gelbschnäbliger Eistaucher *(G. adamsii)*, Prachttaucher *(G. arctica)*, Sterntaucher *(G. stellata)*.

14. Ordnung: *Steganopodes* — Ruderfüßler

Schwimmvögel mit höchstentwickeltem Ruderfuß, bei dem im Gegensatz zu allen anderen mit Schwimmfüßen ausgestatteten Vogelarten stets alle 4 Zehen durch Schwimmhaut verbunden sind. Skelett sehr stark pneumatisiert. Konturfedern ohne Afterschaft; große Bürzeldrüse. Zunge häufig stark verkümmert (besonders bei Pelikanen, Tölpeln). Ohne Kropf, dünnwandiger Muskelmagen. Alle Vertreter auf Fischfang spezialisiert, allerdings mit unterschiedlicher Fangmethodik. — 5 Familien:

1. Familie: *Phaëthontidae* — Tropikvögel

Etwas über taubengroße, an Seeschwalben erinnernde Ruderfüßler. Auffallend verlängerte Mittelfedern des Schwanzes (bis 75 cm bei *Ph. aethereus*). Sehr kurzer Lauf. — Küsten aller tropischen Meere. Für Seeleute seit alter Zeit Kennzeichen dafür, daß die Tropenzone erreicht ist. — Können kaum laufen. Schnelle und gewandte Flieger. Jagen stoßtauchend auf Weichtiere und Fische. 1 schokoladenfarbenes Ei, lange Brut- und Nestlingsdauer. — 1 Gattung *(Phaëthon)* mit 3 Arten.

2. Familie: *Fregatidae* — Fregattvögel

Schwimmhäute nur an den Wurzelhälften der Zehen. Lange, schmale Flügel; langer, tiefgegabelter Schwanz. Langer Schnabel mit Hakenspitze. — Küsten aller tropischer Meere. — Schlechte Schwimmer. Schnelle, ausdauernde, gewandte Flieger. Nistmaterial wird fliegend von Bäumen gezerrt oder aus dem Wasser gefischt. Nahrung vorwiegend fliegende Fische, die in der Luft gefangen werden; jagen auch anderen fischfangenden Vögeln Beute ab. Wassern selbst fast nie. Nester kolonieweise auf Bäumen oder Felsen. 1 kalkweißes Ei. — 1 Gattung *(Fregata)* mit 4 Arten.

3. Familie: *Phalacrocoracidae* — Scharben

Kormorane (Abb. 53) mit scharfhakigem Schnabel, kurze Flügel, sehr kurzer Lauf, lange Zehen. Schlangenhalsvogel mit auffallend schmalem, kleinem Kopf und langem und dünnem Hals. Lange Flügel. — Küstenbewohner und Bewohner von Binnengewässern aller Erdteile. — Schwimmen und tauchen ausgezeichnet. Die größte Scharbenart *Nannopterum harrisi* (Galapagos-Inseln) flugunfähig. Kormorane fangen ihre Fischbeute schwimmtauchend, der Schlangenhalsvogel harpuniert seine Beute unter Wasser. In Südostasien werden Kormorane zum Fischfang benutzt. Nester kolonieweise auf Bäumen oder Felsen, Gelege 3—6 hellblaue Eier. Kormorane mit 3 Gattungen *(Phalacrocorax, Haliëtor, Nannopterum)* und insgesamt 30 Arten. In Deutschland nur Kormoran *(Ph. carbo)* Brutvogel. Schlangenhalsvogel 1 Art *(Anhinga rufa)* bevorzugt Binnengewässer.

Abb. 53. Kormoran (Phalacrocorax carbo)

4. Familie: *Sulidae* — Tölpel

Mittelgroße, kurzhalsige Meeresvögel mit langen, spitzen Flügeln. Kräftiger, langer, gerader Schnabel, Zunge reduziert. Bewohnen Küsten aller Meere der gemäßigten und tropischen Zone. — Auf dem Lande sehr unbeholfen (deutscher Name!), aber äußerst fluggewandt. Nahrung wird im Sturzflug stoßtauchend erbeutet und im Fluge verzehrt. Brüten in sehr großen Kolonien auf Felsen, Klippen; aber Distanz-Typ. Wichtige Erzeuger von Guano. — 2 Gattungen *(Morus, Sula)* mit insgesamt 9 Arten. In unseren Breiten der Baßtölpel *(S. bassana)*.

5. Familie: *Pelecanidae* — Pelikane

Große Ruderfüßler mit langem Schnabel, der zwischen den Unterkieferästen einen weiten, dehnbaren Kehlsack besitzt und dessen Oberschnabelspitze hakenförmig gebogen ist (Abb. 8 d). Zunge nur wenige Millimeter lang. Kurzer Schwanz, lange Flügel. — Gemäßigte und tropische Zonen der Alten und Neuen Welt, auf Binnengewässern und an Meeresküsten. — Sehr gute Flieger, fliegen mit zurückgezogenem Halse; liegen beim Schwimmen hoch auf dem Wasser. Erbeuten als Schwimmfischer ihre Nahrung in Gemeinschaftsfang. Leben gesellig, nisten in Kolonien in sumpfigem Gelände. — 1 Gattung *(Pelecanus)* mit 6 Arten.

15. Ordnung: *Gressores* — Schreitvögel

Hierher gehören 4 Familien langschnäbliger und langbeiniger Vögel; Hinterzehe sitzt mit Vorderzehen auf gleicher Höhe an; Schreitfuß (vgl. Abb. 15). Unterer Kehlkopf ist entweder reduziert oder überhaupt nicht mehr vorhanden; Stimmäußerungen infolgedessen gering. Nesthocker. Rein animalische Nahrung.

1. Familie: *Ardeidae* — Reihervögel

Kleine bis große storchartige Vögel mit langem spitzem Schnabel, langem Hals, der im Fluge S-förmig gekrümmt wird, langen Beinen und dünnen Zehen. — Fast über die ganze Erde verbreitet. Beschleichen im Gegensatz zu den Störchen ihre Beute (Insekten, Schnecken, Würmer, Fische, Amphibien und deren Larven, Reptilien, Kleinsäuger) und ergreifen sie durch Vorschnellen ihres pinzettenartigen Schnabels. Einzeln oder kolonielebend auf Bäumen, Büschen, auf dem Boden in sumpfigem Gelände. Jungen stecken Schnabel tief in Schnabel der Eltern, die das Futter erbrechen. Krächzende Lautäußerungen, bei Rohrdommeln häufig auch brüllende Töne. — Zahlreiche Gattungen mit insgesamt 59 Arten. In Europa: Fischreiher oder Graureiher (*Ardea cinerea;* Abb. 54); große Rohrdommel (*Botaurus stellaris*), Zwergrohrdommel (*Ixobrychus minutus*), Purpurreiher (*A. purpurea*) in S-Europa; Seidenreiher (*Egretta egretta*) in S-Europa; Silberreiher (*Casmerodius albus*) an der unteren Donau; Rallenreiher (*Ardeola ralloides*) in S-Spanien, Rhône-Gebiet, N-Italien und SO-Europa; Kuhreiher (*Bubulcus ibis*) in S-Spanien und S-Portugal und Nachtreiher (*Nycticorax nycticorax*) an Mittelmeerküste.

Abb. 54. Graureiher (Ardea cinerea)

2. Familie: *Scopidae* — Schattenvögel

1 Art *Scopus umbretta.* Relativ kleiner Vogel an bewaldeten Flußufern Afrikas und Madagaskars. Große (1,5—2 m Durchmesser) überdachte Nester mit seitlichem Eingang. Nahrung Wassertiere.

3. Familie: *Ciconiidae* — Störche

Schnabel dicker, Bindehäute der Vorderzehen etwas größer als bei Reihern. Außer Marabu wird der Hals beim Fliegen gestreckt. — Über alle Erdteile verbreitet. Bevorzugen ebene, wasserreiche Gegenden. — Nester aus Zweigen auf Bäumen, Felsen, in sumpfigem Gelände, unser Weißer Storch auch auf Hausdächern, Kaminen; werden häufig viele Jahre hintereinander benutzt. Nahrung Insekten, Fische, Amphibien, Reptilien, Kleinsäuger. Sehr gute Segelflieger (vgl. Abb. 20), an Lautäußerungen nur heiseres Zischen und Schnabelklappern. — 12 Gattungen mit 17 Arten. Bekanntere Formen Riesenstörche *(Mycteria)*, Amerika; Klaffschnäbel *(Anastomus)*, Indien und Afrika; Marabus *(Leptoptilos)*, Afrika, Asien; Nimmersatte *(Tantalus, Xenorhynchus)*, Wollhalsstörche *(Dissoura)*, Afrika, Asien; Schuhschnabel *(Balaeniceps rex)*, 1849 am Weißen Nil entdeckt, lebt dort in den Papyrus-Sümpfen; in Mitteleuropa Weißer Storch *(Ciconia ciconia)* und Schwarzstorch *(C. nigra)*.

4. Familie: *Threskiornithidae* — Ibisse

Mittelgroße Storchartige mit meist sichelförmig gebogenem Schnabel, bei Löfflern mit spatelförmig verbreiterter Spitze. Stirn, Zügel, Kehle, manchmal der ganze Kopf und Hals nackt. — Südeuropa, Afrika, Australien, Mittel- und Südasien, tropisches und subtropisches Amerika. An Gewässern und Sümpfen. — Leben gesellig. Nester häufig kolonieweise auf Bäumen, in Felswänden oder in Sumpfgebieten. Von den Eltern bis in den Rachen erbrochene Nahrung wird von den Jungvögeln von dort aufgepickt. Flug reiherartig, aber mit ausgestrecktem Hals. — 28 Arten: Echte Ibisse *(Threskiornis)*; Waldrapp *(Comatibis eremita)* im 16. Jahrhundert noch Brutvogel in Deutschland, heute nur noch in Afrika und Vorderasien; Sichler *(Plegadis)* auch in S-Europa, Löffler *(Platalea)* ähnlich wie Sichler verbreitet.

16. Ordnung: *Phoenicopteri* — Flamingos

Weiße oder rosafarbene, langbeinige und langhalsige Vögel mit geknicktem Schnabel (Abb. 8 g); Schnabelränder mit Hornlamellen. Kurze Zehen mit vollständigen Schwimmhäuten. Nestflüchter. — Subtropische und tropische Gebiete Afrikas, Asiens, Nordamerikas, Mittelmeergebiet (Südspanien, Camargue, Donaudelta, Nil). Überschwemmungszonen, seichte Küstenlagunen, Schlammsümpfe. — Koloniebig, Nester im Flachwasser oder auf Schlammbänken in Form kegelförmiger Schlammhügel. 1—2 Eier pro Gelege. Nahrung wird gründelnd (Oberschnabel dem Boden zugekehrt! [Abb. 11]) aufgenommen: Würmer, Schnecken, kleine Krebstiere, Pflanzen(?). — Flamingos sind sicher mit den Gressores verwandt. 1 Gattung *(Phoenicopterus)* mit 6 Arten. In Europa *Ph. ruber.*

17. Ordnung: *Anseres* — Gänseartige

Vögel mit etwa kopflangem Schnabel, der zahlreiche mehr oder minder deutlich ausgeprägte Hornlamellen besitzt. Bei den meisten Arten verbinden Schwimmhäute die 3 Vorderzehen; Wehrvögel und Spaltfußgänse ohne Schwimmfuß. Entenvögel mit relativ langem Hals; mausern alle Schwungfedern gleichzeitig. Wehrvögel von Truthahngröße, mit 2 kräftigen Sporen am Flügelgelenk. Alle Nestflüchter. — Wehrvögel auf Südamerika beschränkt. Entenvögel über alle Erdteile verbreitet. — Gute Flieger (Abb. 55). Nester auf dem Erdboden, in Baumhöhlen, Erdhöhlen, im Schilfgürtel. Gelege bei großen Arten wenigstens 3, bei kleinen 12 und mehr Eier. Südamerikanische Kuckucksente *(Heteronetta atricapilla)* ist Brutschmarotzer. Nahrung Wasserpflanzen, Gräser, Getreide, Kräuter, Würmer, Insekten, Weichtiere, Fische. Schwimmenten, Schwäne u. a. gründeln. — 2 Familien: Wehrvögel *(Anhimidae)* mit 2 Gattungen *(Anhima, Chauna)* und insgesamt 3 Arten. — Entenvögel *(Anatidae)* 145 Arten. Schwäne *(Cygninae)*, Gänse *(Anserinae)*, Enten *(Anatinae)*, Säger *(Merginae)* mit vermittelnden Zwischenformen. Die wichtigen paläarktischen Gattungen *Cygnus* (Schwäne), *Anser* (Gänse), *Anas* (Schwimmenten), *Aythya* (Tauchenten), *Bucephala* (Schellenten), *Somateria* (Eiderenten), *Tadorna* (Brandgänse), *Mergus* (Säger). Graugans *(A. anser)* Stammform der Hausgans, Stockente *(Anas platyrhynchos)* der Hausente. — Ferner hierher gehörig u. a. *Dendrocygna* (Baumenten), *Cereopsis* (Hühnergänse), *Anseranas* (Spaltfußgänse), *Tachyeres* (Dampfschiffenten, flugunfähig).

Abb. 55. Ziehende Wildgänse (Branta canadensis)

18. Ordnung: *Galli* — Hühnervögel

Vögel mit 4zehigen, beschilderten, manchmal befiederten Gangbeinen. Hinterzehe meist höher eingelenkt als Vorderzehen. An

Kopf und Hals häufig nackte Stellen, fleischige Anhänge, Kämme usw. Speiseröhre mit Kropf. — Über die ganze Erde verbreitet. — Schlechte Flieger. Nester auf der Erde, wenige auf Bäumen. Meist große Gelege. Nestflüchter. Hühnervögel nehmen nur Staubbäder, niemals Wasserbäder. Die meisten Vertreter scharren nach ihrer tierischen oder pflanzlichen Nahrung. Mit Ausnahme der Wachteln sind alle Stand- oder Strichvögel. — Sehr gattungs- und artenreiche Ordnung mit 5 Familien:

1. Familie: *Phasianidae* — Fasanenartige

Meist farbenprächtige Hühnervögel, Männchen und Weibchen meist färbungsverschieden; oft auffällig geformte und vielfarbige Schwänze. Lauf bei Männchen meist mit Sporn. — Weltweit. Lebensraum Waldungen, Bambusdickichte, Steppen, Felder, Gebirgsmatten, Moore, Tundren. — Schmuckfedern für ausgedehnte Balzzeremonien (Pfau). Nester meist auf dem Boden. Gelegestärke 2 (Argusfasan) bis 20 und mehr (Rebhühner). Bebrütung nur durch Weibchen, Ausnahme Baumwachtel *(Colinus)*. — Umfangreiche Familie, die in die Echten Hühner *(Phasianiae)* mit 165 Arten, Rauhfußhühner *(Tetraoninae)* mit 18 Arten und die nur in Afrika vorkommenden Perlhühner *(Numidinae)* mit 7 Arten unterteilt wird. Wichtige Gattungen *Phasianus* (Fasane) *Perdix* (Rebhuhn), *Coturnix* (Wachtel), *Alectoris* (Steinhühner), *Francolinus* (Frankoline), *Chrysolophus* (Goldfasane), *Gallus* (Kammhühner), *Tetrao* (Auerhühner; Abb. 56), *Lyrurus* (Birkhühner), *Tetrastes* (Haselhühner), *Lagopus* (Schneehühner), *Numida* (Perlhuhn) und *Afropavo* (Kongopfau). Das Bankivahuhn *(Gallus gallus)* ist die hauptsächliche Stammform der Haushühner.

Abb. 56. Balzender Auerhahn (Tetrao urogallus)

2. Familie: *Meleagrididae* — Truthühner

Mit nacktem Kopf und Hals, Fleischlappen, Karunkeln und Stirnzapfen. Schwanz 18fedrig. — Vom südlichen Nordamerika bis Guatemala. Waldbewohner. — Männchen mit auffälligem Balzgehaben. — 2 Arten. Truthuhn *(Meleagris pavo)* in Europa Hausgeflügel.

3. Familie: *Cracidae* — Hokkohühner

Hühnervögel mit kurzen gerundeten Flügeln und langem Schwanz. Luftröhre macht auf der Brustmuskulatur eine oder mehrere Schlingen. — Süd- und Mittelamerika. Waldbewohner. — Leben paarweise vorzugsweise auf Bäumen; nisten dort frei oder in Baumhöhlen. Ernähren sich von Blättern, Beeren oder anderen Früchten. — Mehrere Gattungen (*Crax*, *Penelope* u. a.), 38 Arten insgesamt.

4. Familie: *Opisthocomidae* — Schopfhühner

Kopf mit Federschopf. Brustbeinkamm mit Höhlung für auffällig großen Kopf. Bei Jungvögeln Daumen und Mittelfinger der Flügel mit Krallen. — In tropischen Überschwemmungswäldern im nördlichen Südamerika. — Fliegen wenig, schwimmen und tauchen gut. Fast nur baumlebend. Nester auf Bäumen, stets über Wasser. 2—3 Eier pro Gelege. Junge werden aus dem Kropf gefüttert. — 1 Art: Zigeunerhuhn oder Hoatzin (*Opisthocomus hoatzin*).

5. Familie: *Megapodiidae* — Großfußhühner

Große Füße mit langem Lauf und langen Zehen, Hinterzehe in gleicher Höhe mit Vorderzehen eingelenkt, starke Krallen. — Australien und papuanisches Gebiet. — Vögel brüten nicht selbst. Eier werden entweder in heißem Sand des Meerstrandes (*Eulipoa*-Arten) oder in selbst errichteten, aus Laub und Erde zusammengescharrten Nesthügeln abgelegt, wo Bodentemperatur bzw. Gärungswärme das „Ausbrüten" besorgen. Jungtiere perfekteste Nestflüchter: vollständig befiedert, nach 3 Tagen flugfähig (vgl. Abb. 41). — Mehrere Gattungen (*Megapodius*, *Lipoa*, *Megacephalon* = Hammerhuhn, *Alectura* = Talegallahuhn u. a.) mit insgesamt 10 Arten.

19. Ordnung: *Grues* — Kranichartige

Nicht einheitliche Gruppe von Vögeln, die in der Mehrzahl dem Sumpf- oder Steppenleben angepaßt sind. Mit Schreitbeinen, Hinterzehe höher eingelenkt als die vorderen Zehen (Ausnahmen Rallen). Nestflüchter. 11 Familien.

1. Familie: *Cariamae* — Schlangenstörche (Seriemas).

2 auf Südamerika beschränkte Arten mit zweireihigem Federschopf auf der Stirn, hochbeinig, schnellaufend, in den Waldsteppen. Nahrung besonders Reptilien. Verwandtschaftliche Beziehungen zu den *Sagittariidae* (S. 127).

2. Familie: *Psophiidae* — Trompetervögel

3 in den tropischen Regenwäldern Südamerikas gesellig lebende Arten der Gattung *Psophia*. Männchen schreien gellend und können bei geschlossenem Schnabel dumpfe Baßtöne von sich geben. Hühnergroß. Weichfedrig.

3. Familie: *Gruidae* — Kraniche

Stelzvögel mit sehr langem Hals und langen Beinen, von insgesamt gestrecktem Körperbau. Flügel mit verlängerten Armschwingen. — Außer Südamerika weltweit verbreitet; vorzugsweise in sumpfigem Waldgelände. — Sehr guter Flieger, in Linienformation ziehend. Stimme trompetenartig. Balztänze. Echte Kraniche können nicht aufbaumen. Nest stets auf dem Boden. — Insgesamt 14 Arten in mehreren Gattungen zusammengefaßt: *Grus* (echte Kraniche), in Mitteleuropa *G. grus* mit 1,20 m als höchster Vogel überhaupt; *Anthropoides* (Jungfernkraniche); *Balearica* (Kronenkraniche); *Tetrapteryx* (Paradieskraniche).

4. Familie: *Aramidae* — Rallen-Kranich

1 Art, die aufbaumen kann und in Südamerika bis Florida lebt. Nester vielfach auf Bäumen.

5. Familie: *Eurypygae* — Sonnenrallen

1 Art im tropischen Mittel- und Südamerika mit sehr langem spitzem Schnabel. Nest im Buschwerk.

6. Familie: *Heliornithidae* — Binsenhühner

3 Arten: *Heliornis* in Südamerika, *Heliopais* in Hinterindien, *Podica* in Afrika. Langhalsig, Füße mit Schwimmlappen.

7. Familie: *Rhynochetidae* — Kagus

1 auf Neu-Kaledonien vorkommende, nächtlich lebende Art. Geringes Flugvermögen.

8. Familie: *Otididae* — Trappen

Mindestens hühnergroße Vögel mit kräftigen Läufen und Zehen, Hinterzehe fehlt. Hühnerähnlicher Schnabel. Gut entwickelte Flügel. Männchen größer als Weibchen. — In Steppen- (einschließlich „Kultursteppen"-) und Wüstengebieten der Alten Welt. Hauptverbreitung in Afrika. — Ungewandt, aber aus-

Abb. 57. Großtrappe (Otis tarda)

dauernd fliegende Vögel. Bodennest. Männchen mit auffälligem Balzgehaben. Brutpflege nur durch Weibchen. Nahrung vorwiegend pflanzlich, Jungtiere zuerst Insekten. Knarrende oder dumpfe Laute. Lieben Sandbäder, scharren nicht, häufig hörbares „Trappen" auf der Stelle. — Einige Gattungen mit insgesamt 23 Arten. In Europa die Großtrappe *(Otis tarda)* mit etwa 15 kg beim Männchen, schwerster flugfähiger Vogel (Abb. 57).

9. Familie: *Ralli* — Rallen

Kleine bis etwa hühnergroße Vögel mit langen Zehen und Krallen, Hinterzehe auf gleicher Höhe mit den Vorderzehen; ausnahmsweise mit Zehenlappen *(Fulica)*. Stirn der Wasserhühner mit nackter Schwiele. Körper schmal, seitlich zusammengedrückt. — Über die ganze Erde verbreitet. Bevorzugen sumpfiges Gelände, einige Wasser- oder Wiesenbewohner. — Flugvermögen bei einigen Arten sehr schlecht, manche gutes Schwimm- und Tauchvermögen. Nahrung vorwiegend tierisch, auch pflanzlich. Bodennester, z: T. über dem Wasser. Dunenjunge mit auffälligen Signalfarben am Kopf. Knarrende oder quietschende Töne. — 132 Arten mit zahlreichen Gattungen. Meist Europa. Bekanntere Gattungen *Rallus* (Wasserrallen), *Porzana* (Sumpfhühner), *Crex* (Wachtelkönige), *Fulicula* (Bläßhühner), *Gallinula* (Teichhühner), *Porphyrio* (Sultanshühner), *Aramides* (Riesenrallen), *Ocydromus* (Maorihühner). — Hier anzuschließen sind die im 17. Jahrhundert von Menschen ausgerotteten flugunfähigen plumpen Drontevögel, die bisher zu den Taubenartigen gestellt wurden, aber vielmehr Rallencharakter aufweisen. Sie waren truthahngroß, hatten einen plumpen Körper mit kurzem Hals und dickem Kopf, einen großen hakenförmigen Schnabel. Flügel waren verkümmert, Schwanz mit wenigen gekräuselten Federn. Ihre Heimat waren die Maskareneninseln Mauritius und Rodriguez. Gattungen *Raphus (Didus)* und *Pezophaps*.

10. Familie: *Mesoënatidae* — Stelzenrallen

3 Arten etwa drosselgroßer Kranichartiger mit kurzen Flügeln nur in Madagaskar. Gute Läufer, waldlebend.

11. Familie: *Turnicidae* — Laufhühnchen und Kampfwachteln

Wachtelähnliche (aber mit den Wachteln, vgl. 18. Ordnung, nicht verwandte) Kranichartige mit fehlender Hinterzehe. Weibchen zeigen Balzspiele, Männchen schauen zu. Männchen bauen die Nester und brüten allein auf dem Erdboden. Laufen schnell, fliegen ungern. — In SO-Europa (nur *Turnix sylvatica),* ferner in Afrika, Arabien und Indoaustralisches Gebiet. Steppen, buschreiches Gelände, Wiesen. *Turnicinae* (Laufhühnchen) mit 15 Arten; *Pedionominae* (Kampfwachtel) mit 1 Art, sehr streitsüchtig, mit 1 Hinterzehe.

An die *Grues* anzuschließen sind die fossilen Riesenvögel *Diatryma* und *Omorhamphus* aus dem Untereozän Nordamerikas und Europas, die vielleicht eine eigene Ordnung *Diatrymiformes* rechtfertigen.

20. Ordnung: *Laro-Limicolae* — Möwen und Schnepfenvögel

Sammelgruppe von in Habitus und Lebensweise unterschiedlichen Vogel-Arten, die aber wohl doch näher zusammengehören, aber auch Beziehungen zu den Kranichartigen aufweisen. Zehn Familien, die ersten 8 sind Limicolen:

1. Familie: *Jacanidae* — Blatthühnchen

Rallenähnliche, hochbeinige, mit langen Zehen und Krallen versehene Vögel, an das Leben auf der Gewässer bedeckenden Pflanzendecke angepaßt. Die viel kleineren Männchen erbrüten die 4—5 Eier allein. Schlechte Flieger. 7 Arten in tropischen Gebieten aller Erdteile: *Jacana* in Amerika, *Actophilus* in Afrika, *Metopodius* in Indien, *Irediparra* in Australien, *Hydrophasianus* in Ceylon, Java, Philippinen.

2. Familie: *Thinocoridae* — Höhenläufer

An die Laufhühnchen erinnernde Bewohner alpiner Matten und Steppen Südamerikas. Hinterzehe vorhanden. Samenfresser. 2 Gattungen *Thinocorus* und *Attagis* mit je 2 Arten.

3. Familie: *Chionididae* — Scheidenschnäbel

Etwa rebhuhngroße, schneeweiße schnepfenähnliche Vögel mit knöchernen bzw. hornigen Schuppen über den Nasenöffnungen. Aasfresser, Eier- und Bruträuber, besonders der Pinguine. 2 Gattungen *(Chionis, Chinonarchus)* mit je 1 Art auf Felseninseln der Antarktis.

4. Familie: *Dromadidae* — Reiherläufer

1 Art *(Dromas ardeola)* an Küsten Indiens, des Roten Meeres, Ostafrikas und Madagaskars; trielähnlicher gesellig lebender Vogel. Baut Löcher und Gänge in Küstensand. 1 relativ großes, rein weißes Ei, langes Nesthockerstadium, Nahrung vor allem Krabbenfleisch.

5. Familie: *Burhinidae* — Triele

Steppen- oder Meeresstrandbewohner in den gemäßigten oder warmen Breiten Europas, Asiens, Afrikas, Mittel- und Südamerikas und des indo-australischen Gebietes. Hinterzehe fehlt. Vorwiegend Dämmerungstiere; tierische Nahrung. 1—2 Eier auf dem Erdboden. Nestflüchter. 2 Gattungen *(Burhinus, Esacus)* mit 9 Arten, die taxonomisch den Kranichartigen sehr nahe stehen. In Deutschland der Dickfuß *(B. oedicnemus)* auf Ödflächen, Dünen, Sandbänken, Heideflächen, Marschen usw.

Abb. 58. Austernfischer (Haematopus ostralegus)

6. Familie: *Haematopodidae* — Austernfischer

6 Arten in gemäßigten und warmen Zonen aller Kontinente. Taubengroße Meerstrandbewohner (gelegentlich im Binnenland) mit langem, geraden Schnabel, spitzen Flügeln, ohne Hinterzehe. Tierische Nahrung. In Deutschland *Haematopus ostralegus* (Abb. 58).

7. Familie: *Charadriidae* — Regenpfeiferartige

Relativ kräftig gebaute Watvögel mit ziemlich dickem Hals, meist ohne Hinterzehe. Unterer Unterschenkel unbefiedert. Bei den eigentlichen Schnepfen liegen die Augen auffallend weit hinten im Kopfe. Schnabelspitze mit feinem Tastapparat. — Weltweit verbreitet. In Ufer-, Küstenregionen, Wiesen- und Sumpfgelände. — Bodenbewohner, nur wenige halten sich vom Ufer entfernt im Wasser auf. Bodennister. Nestflüchter. Hellflötende, markante Rufe. — Mit 152 Arten die umfangreichste Familie der Ordnung: Die lerchen- bis taubengroßen Regenpfeifer mit den Gattungen *Charadrius* (Regenpfeifer), *Vanellus* (Kiebitz), *Pluvialis* (Goldregenpfeifer), *Squatarola* (Kiebitzregenpfeifer), *Hoplopterus* (Spornkiebitze) mit Dorn am Flügelbug. — Die bis hühnergroßen Schnepfen, Strandläufer, Wasserläufer, Brachvögel, u. a. mit den Gattungen *Gallinago* (Bekassine); *Scolopax* (Waldschnepfen) mit bis zu den Fersengelenken befiederten Unterschenkeln; *Numenius* (Brachvögel); *Limosa* (Uferschnepfen) mit auffallend langem, z. T. aufwärts gebogenem Schnabel; *Tringa* (Wasserläufer), Rotschenkel *(Tr. totanus)* mit rotem Schnabel und roten Füßen; *Calidris* (Strandläufer) selten an Binnengewässern; *Limicola* (Sumpfläufer); *Philomachus* (Kampfläufer), Männchen zur Paarungszeit mit Halskragen, Kampfspiele; *Actitis* (Flußuferläufer) an Fluß- und Seeufern. — Die kleinen strandläuferartigen Wassertreter mit längerem Hals und Lappenhäuten an den Vorderzehen sind nur mit 2 palaearktischen Arten *Phalaropus lobatus* (Odinshühnchen) und *Ph. fulicarius* (Thorshühnchen) vertreten. — Die nach den Flamingos langbeinigsten Vögel, die Säbelschnäbler und Stelzenläufer, mit den Gattungen *Recurvirostra* (Säbelschnäbler) mit langem, säbelförmig aufwärts (!) gebogenem Schnabel; *Himantopus* (Stelzenläufer) mit Schwimmhäuten, die tief ausgeschnitten die Vorderzehen verbinden. — Die bekassinenähnlichen Schnepfenrallen mit 1 Gattung *Rostratula* in Afrika, Südamerika, Australien und Südasien.

8. Familie: *Glareolidae* — Brachschwalben

Vereinigt die Wüstenläufer, Gattung *Cursorius* u. a., indische und afrikanische Wüstenbewohner, den Krokodilwächter *(Pluvianus aegyptius)* im Nilgebiet und schließlich die Brachschwalben, Gattung *Glareola* u. a., in Steppengebieten und auf Heideflächen Eurasiens, Afrikas und Australiens, Insektenfresser mit schwalbenähnlichem Flug.

9. Familie: *Laridae* — Möwen, Seeschwalben

Tauben- bis bussardgroße Vögel, Vorderzehen mit Schwimmhäuten. Schlanker, kräftiger Schnabel, bei Möwen und Raubmöwen Spitze meist mehr oder weniger gekrümmt. — Über die ganze Erde verbreitet. Ursprünglich marine Vogelgruppe, die Küsten und Ufer bewohnt; heute mit vielen Vertretern an Binnengewässern und solchen, die unabhängig vom Wasser geworden sind. Manche solcher limnisch-terrestrischen Arten sind außerhalb der Brutzeit marin. — Gute Flieger und gute Schwimmer. Oft in großen Kolonien an Felswänden oder auf dem Boden brütend. Nestflüchter, die aber noch längere Zeit von den Elterntieren abhängig sind. Nahrung wird stoßtauchend (Seeschwalben), schwebend oder schwimmend von der Wasseroberfläche aufgenommen oder vom Land aufgelesen. Ernährungsweisen sehr unterschiedlich: Insektenfresser, Landräuber, Wasserräuber, Raubkommensalen, Aasfresser. Folgen gern und weit Schiffen. — Die Familie umfaßt 89 Arten, die in 4 Gruppen eingeteilt werden: Die echten Möwen, weltweit, fehlen nur im Tropengürtel mit den Gattungen *Larus* (eigentlich Möwen), *Rissa* (Dreizehenmöwe), *Pagophila* (Elfenbeinmöwe), *Xema* (Schwalbenmöwe), *Rhodostethia* (Rosenmöwe), an unseren Küsten besonders Silbermöwe *(L. argentatus)*, Heringsmöwe *(L. fuscus)*, Mantelmöwe *(L. marinus)*, Sturmmöwe *(L. canus)*, auch im Binnenland Lachmöwe *(L. ridibundus)*. — Die Raubmöwen, Gattung *Stercorarius*, mit stark hakenförmig gekrümmtem Schnabel an den Küsten Nordamerikas und des nördlichen Eurasiens sowie in der Antarktis, sind Schmarotzerräuber, rauben auch Eier und Jungvögel. — Die weltweit verbreiteten Seeschwalben meist an Küsten, z. T. auch im Binnenland, mit schwalbenähnlichem langem Schwanz. Bekanntere Gattungen *Sterna* (Küsten- und Flußseeschwalben), *Chlidonias* (Trauerseeschwalbe u. a.), *Hydroprogne* (Raubseeschwalbe). — Hierher gehören auch mit 3 Arten, Gattung *Rynchops*, die Scherenschnäbel. Küsten- und Mündungsgebiete der Ströme des tropischen Afrika, Amerika und Südasien. Unterschnabel überragt bei ihnen erheblich den Oberschnabel.

10. Familie: *Alcidae* — Alken

Meeresvögel mit Schwimmhäuten, ohne Hinterzehe, kurzen Flügeln. Stellen auf der Nordhalbkugel den morphologischen und ökologischen Typ dar, der auf der Südhalbkugel von den Pinguinen ausgebildet ist. — Arktis, Nord- und Ostsee, in Europa bis an die Küsten von Portugal, in Amerika an die von Kalifornien. — Vorzügliche Schwimmer und Taucher, benutzen unter Wasser Flügel als Ruder, aber nur der Mitte des vorigen Jahrhunderts ausgerottete Riesenalk war flugunfähig. Brüten ohne Nestbau kolonieweise auf Felsen. Nesthocker. Außer Trottellumme *(Uria aalge)* Distanztyp. Nahrung Krebs-, Weichtiere, Fische. — 22 Arten im wesentlichen nach der Schnabelform unterschieden: *Fratercula* (Papageientaucher), *Cepphus* (Teiste), *Uria* (Lummen), *Plotus* (Krabbentaucher), *Alca* (Alken).

21. Ordnung: *Columbae* — Taubenartige

Kleine bis mittelgroße Vögel mit Spaltfuß, die in 2 Familien geglieder sind:

1. Familie: *Columbidae* — Tauben

Drossel- bis rabengroße Baumvögel (manche auch Felsen- oder Bodenvögel). Schnabel an der Basis mit Wachshaut. Hinterzehe tief angesetzt. Kropf in 2 Seitentaschen ausgebuchtet. Keine Gallenblase. — Weltweit verbreitet. Vorzugsweise Waldbewohner. — Scharren mit dem Schnabel, nicht mit den Füßen. Nahrung Samen, Früchte. Trinken durch langsames Aufsaugen des Wassers, nicht durch jedesmaliges Kopfheben wie die meisten Vögel. Schlafstellung für die Familie charakteristisch: Kopf wird nur zurückgebogen, nicht nach hinten gedreht auf die Schulter gelegt. Kratzen sich den Kopf „vorn herum". Tauben leben in Einehe; die nesthockenden Jungen des 1er- oder 2er-Geleges werden anfangs mit Kropfmilch geatzt. — Tauben sind taxonomisch an die Regenpfeifer anzuschließen. 289 Arten. Paläarktisch 4 Gattungen: *Columba* (Hohltaube, Felsentaube, Ringeltaube), *Streptopelia* (Turteltaube, Türkentaube; auch Lachtaube), *Sphenurus, Oenopozelia.* Ferner *Goura* (Krontauben) größte Taubenarten; *Ectopistes* (Wandertauben); *Didunculus* (Zahntauben), Magen zum Abschälen des Fruchtfleisches großer Früchte (z. B. Muskat) mit zahnartigen Erhebungen; *Treron* (Papageitauben) u. a. Über die ausgestorbenen Drontevögel („Riesentauben") siehe unter Rallen (S. 118). Die Felsentaube des Mittelmeerraumes, Columba livia, ist die Stammform der Haustaube (Abb. 59).

Abb. 59. Haustaube (Englischer Kröpfer)

2. Familie: *Pteroclidae* — Flughühner

Bodenvögel von taubenartiger Gestalt und Größe mit verkümmerter oder fehlender Hinterzehe. Kurze befiederte Läufe. Schwielige Zehensohlen. Einfacher Kropf. Mit Gallenblase. — In Trockengebieten Afrikas, des Mittelmeerraumes und Zentralasiens. — Gute Läufer und Flieger. Trinken wie Tauben. Einehe, Bodennester, Nestflüchter. Kratzen sich „hinten herum". — Stehen in enger Verwandtschaftsbeziehung zu den Tauben, sind erst sekundär wieder zu Bodenbewohnern geworden. 16 Arten, 2 Gattungen *(Syrrhaptes, Pterocles).* Asiatisches Steppenhuhn *(S. paradoxus)* ist wiederholt aus Zentralasien invasionsartig nach Mitteldeutschland vorgedrungen.

22. Ordnung: *Cuculi* — Kuckucksvögel

Baumvögel mit langem Schwanz und ziemlich langen Flügeln. Meist kräftiger, mittellanger Lauf und Kletterfuß; die 1. Zehe ist stets nach hinten gerichtet, die 4. Zehe ist bei den Kuckucken als Wendezehe nach hinten wendbar, bei den Turakos nur weit abspreizbar, aber nicht nach hinten drehbar. Junge Turakos haben Daumenkrallen. Die Mundspalte reicht häufig bis unter das Auge. — Über alle Erdteile verbreitet, besonders in den Tropen; Turakos rein afrikanisch. — Nahrungsgewohnheiten sehr unterschiedlich: Fruchtfresser *(Eudynamis-Scythrops-*Arten); Insektenfresser *(Neomorphus, Cuculus)*, wobei die eigentlichen Kuckucke *(Cuculus)* bevorzugt behaarte Raupen fressen, die andere Vögel verschmähen; kleine Wirbeltiere, vorwiegend Eidechsen, verzehren vor allem die Bodenkuckucke *(Saurothera, Geococcyx, Centropus)*, die gute Läufer sind. Turakos ernähren sich und auch ihre Nestjungen fast nur von pflanzlicher Kost. Stimme häufig recht wohlklingend. Einige Kuckucksarten sind Brutschmarotzer (Gattungen *Cacomantis, Chrysococcyx, Clamator, Cuculus, Surniculus, Tapera* u. a.), die Mehrzahl der Kuckucke brütet jedoch noch selbst und baut auch ein Nest im Gebüsch oder am Boden. Eigenbrüter haben sehr große Eier, Brutparasiten relativ kleine. Unser heimischer Kuckuck *(C. canorus;* Abb. 60) läßt seine bis zu 20 Eier pro Brutperiode von Grasmücken, Rohrsängern, Rotschwänzen, Zaunkönigen u. a. ausbrüten. In den mit einem Kuckucks-Ei bedachten Nestern schlüpft kein eigener Jungvogel, da in den ersten 3—4 Tagen der junge Kuckuck jeden weiteren Nestinhalt (Eier, Jungvögel) nach draußen befördert. Übergänge zum Brutparasitismus stellen die Gattungen *Crotophaga* und *Guira* dar, bei denen mehrere Weibchen in ein Kollektiv-Nest legen und dort auch das Gelege gemeinsam ausbrüten. — Familie der Kuckucke *(Cuculidae)* mit 38 Gattungen und 128 Arten. Familie der Turakos oder Bananenfresser *(Musophagidae)* 6 Gattungen mit 19 Arten; u. a. *Turacus* (Helmvogel), *Crinifer* (Lärmvogel), *Musophaga* (Bananenfresser), *Corythaeola* (Riesenturakos). Von Drossel- bis Fasanengröße.

Abb. 60. Kuckuck (Cuculus canorus)

23. Ordnung: *Psittaci* — Papageien

Baumvögel mit buntem prächtigem Gefieder. Kletterfüße, 1. und 4. Zehe nach hinten, Mittelzehen nach vorn. Stark gekrümmter, kräftiger, sehr beweglicher (vgl. Abb. 13) Schnabel; Ränder des Oberschnabels mit zahnartigem Vorsprung und sog. Feilkerben auf der Hakenunterseite zum Schärfen des kürzeren Unterschnabels; am Schnabelgrund Wachshaut. Dick-fleischige, bewegliche Zunge. — In den Tropengebieten der Alten und Neuen Welt, einzelne Arten auch in den subtropischen Gebieten. Waldbewohner, wenige in Steppengebieten. — Die insgesamt sperlings- bis rabengroßen Papageien gehören neben den Rabenvögeln zu den geistig am höchsten entwickelten Vögeln. Fähigkeit der Stimmimitation. Flugvermögen unterschiedlich, einige fliegen sehr schlecht. Hervorragende Kletterkünste, bei denen der Schnabel „als dritte Gliedmaße" zu Hilfe genommen wird („gefiederte Affen"). Nahrung namentlich Baumfrüchte, Sämereien, manche Blütenhonig und Pollen (dann Pinselzunge) oder Insekten. Gesellig lebend, nisten in Kolonien, meist in selbst angefertigten Baumhöhlen, auch in Erdhöhlen oder in Felsklüften. Gelege aus 2 (große Arten) bis 6—9 (kleine Arten) kleinen, weißen, rundlichen Eiern. Nesthocker. Papageien wurden schon von den Römern gekäfigt, ein sprechender Papagei war meist teurer als ein Sklave; Federn als Körper- und Waffenschmuck; besonders Indianer schätzen das Fleisch vieler Papageienarten. Einige Arten (z. B. *Nestor productus* und *N. norfolcensis*) in historischer Zeit ausgerottet. — Insgesamt 316 Arten mit vielen Gattungen: Die *Nestor*-Papageien auf Neuseeland mit Kea (*N. notabilis*), der zum Raubvogel geworden ist und besonders Schafe reißt. Die Loris oder Pinselzungenpapageien mit faserigen Papillen auf der Zungenspitze, die bevorzugt Blütenhonig zu sich nehmen, in mehreren Gattungen: *Chalcopsitta* (Glanzloris), *Trichoglossus* (Keilschwanzloris), *Opopsitta* (Rundschnabelloris) u. a. Die Zwergpapageien, Gattung *Micropsitta*, als kleinste Papageien mit auffallend kurzem Schwanz. Die Kakadus (*Kakatoë, Calyptorhynchus, Nymphicus* u. a.) haben vorzugsweise

Abb. 61. Hyazinthara (Anadorhynchus hyacinthinus)

weißes, z. T. schwarzes Gefieder. Die Eulenpapageien *(Strigops)* Bodenvögel mit starren Gesichtsfedern, Brustbein ohne Kamm. Die Edelpapageien als umfangreichste Gruppe in der Regel gute Flieger, Kletterer und Läufer; kurzschwänzig wie *Psittacus* (Graupapageien) oder *Amazona* (Amazonen) bzw. langschwänzig wie *Ara* (Aras; Abb. 61), *Pyrrhura* (Rotschwanzsittiche) u. a. Auffällig *Loriculus* (Fledermauspapageien) wegen ihrer fledermausartigen Schlaf- und z. T. auch Freßstellung. *Myiopsitta* (Mönchssittich) baut freistehende Reisignester. *Melopsittacus* (Wellensittich) 1 Art in Australien als Ausgangsform vieler Zuchtrassen des heute in der Gefangenschaft häufigsten Papageies.

24. Ordnung: *Accipitres* — Greifvögel

Taubengroße bis sehr große charakteristische Vögel mit kräftigem Hakenschnabel, der an seiner Basis eine die Nasenlöcher umschließende, nackte Wachshaut besitzt. Füße als Greiffüße mit starken gekrümmten Krallen (Fänge) ausgebildet. Bei den Geiern sind Kopf und Hals nackt. Darmkanal mit Kropf und reduzierten Blinddärmen. Weibchen häufig größer als Männchen. — Weltweit verbreitet in allen Lebensräumen. — Nahrung fast durchweg animalisch, dabei z. T. stark spezialisiert: der südamerikanische Würgadler *(Morphnus)* und die Harpyië *(Harpia)* sowie der philippinische Affenadler *(Pithecophaga)* fangen Affen, der Fischadler *(Pandion)* ist stoßtauchender Fischspezialist, der Wespenbussard *(Pernis)* frißt vorzugsweise selbst ausgescharrte Hummel- und Wespenbrut, der Schneckenhabicht *(Rostrhamus)* liebt Sumpfschnecken, der indische *Ictinaëtus* bevorzugt Vogeleier, der Sekretär *(Sagittarius)* Schlangen, der Wanderfalke *(Falco peregrinus)* Singvögel, Geier sind Aasfresser, der westafrikanische Geierseeadler *Gypohierax)* nährt sich fast nur von Früchten. Die *Accipitres* sind fast ausschließlich tagaktiv. Nester vorzugsweise als Horst gebaut auf Bäumen, an Felsenwänden, im Schilf oder am Boden, auch in Baum- bzw. Felshöhlen. 1—2 Eier (Geier, Seeadler, Adler) bis 5—7 pro Gelege bei kleinen Arten. Die bedunt und sehend schlüpfenden Jungen sind lange Zeit Nesthocker bzw. Ästlinge (z. T. 3—4 Monate). Geier füttern aus dem Kropf, die übrigen direkt, wobei Futter entweder vorgehalten oder auf das Nest gelegt wird; dabei z. T. strenge Arbeitsteilung der Eltern (z. B. Sperber, Wanderfalke). Die Beute wird gerissen, Haare und Federn der Beutetiere bleiben am Fangort als „Rupfung“ zurück (Gegensatz zu den Eulen), bei manchen Vertretern werden unverdauliche Nahrungsreste wie Haare, Federn, Chitin, Knochensplitter als

Gewölle in Form von Haarstöpseln u. a. wieder ausgeschieden (z. B. Falken). *Accipitres* kratzen sich vorn herum. — Taxonomisch ist die Ordnung keineswegs einheitlich, sie muß vielmehr als polyphyletisch angesehen werden; der relativ einheitliche Habitus aller Raubvögel ist das Ergebnis konvergenter funktioneller Anpassung. Taxonomische Beziehungen bestehen von den *Accipitres* zu den *Gressores*, aber auch zu den *Grues* und *Striges*. Die Ordnung umfaßt mindestens vier Familien:

1. Familie: *Sagittariidae* — Sekretäre

Hierher nur eine Art, der in den Steppengebieten Afrikas vorkommende Sekretär oder Kranichgeier (*Sagittarius serpentarius*). Mit sehr langen Läufen, kurzen Zehen und langem gestuften Schwanz. Der Sekretär hat eine taxonomische Sonderstellung innerhalb der Ordnung und weist verwandtschaftliche Beziehungen zu den gruiformen Schlangenstörchen auf (S. 116).

2. Familie: *Cathartidae* — Neuwelt-Geier

Vom mittleren Nordamerika bis zum Süden Südamerikas in 5 Gattungen mit 6 Arten: *Vultur* (Kondor), der größte Geier, in den Anden Südamerikas; *Sarcorhamphus* (Königsgeier), *Gymnogyps* (Kalifornischer Geier), fast ausgestorben; *Coragyps* (Rabengeier), *Cathartes* (Truthahngeier). Die Neuwelt-Geier haben keine Blinddärme; Federn ohne Afterschaft, nackte Bürzeldrüse, große Nasenöffnungen, Nase ohne Scheidewand und sind stimmlos. — An die Familie schließt sich der Fischadler (*Pandion haliaëtus*) an, der vielleicht auch eine eigene Familie repräsentieren könnte. Seine Außenzehe ist abweichend von anderen Greifvögeln eine Wendezehe.

3. Familie: *Accipitridae* — Habichtartige

Hierher gehört die Mehrzahl aller Vögel dieser Ordnung. Sie haben eine Nasenscheidewand, Federn mit Afterschaft, eine befiederte Bürzeldrüse und reduzierte Blinddärme. Der Schnabel hat keine zahnartigen Einkerbungen. — Insgesamt 205 Arten. — Bekanntere Gattungen sind: *Aquila* (Stein-, Kaiser-, Raub-, Schell-, Schreiadler), *Buteo* (Mäuse-, Rauhfuß-, Adlerbussard), *Accipiter* (Sperber, Habicht), *Milvus* (Milane), *Haliaetus* (Seeadler), *Pernis* (Wespenbussard), *Elanus* (Gleitaare), *Circus* (Rohr-, Korn-, Steppen-, Wie-

Abb. 62. Gänsegeier (Gyps fulvus)

senweihe), ferner *Rostrhamus, Morphus, Harpia, Pithecophaga* (s. oben), *Therathopius* (Gaukler) und die Altwelt-Geier *Gypaëtus* (Bart- oder Lämmergeier), *Gyps* (Gänsegeier; Abb. 62), *Aegypius* (Kutten- oder Mönchsgeier), *Neophron* (Aasgeier).

4. Familie: *Falconidae* — Falken

Die Falkenfamilie entfernt sich auf Grund neuer Befunde über die Trigeminus-Muskulatur, die Hinterextremitäten und die Handschwingenmauser doch weiter von den *Accipitridae* als man bis vor kurzem noch annahm. Überraschenderweise hat sich dabei ergeben, daß sie in die Nähe der Eulen und Ziegenmelker zu stellen sind. Gerade hinsichtlich der Gestaltung der Trigeminusmuskulatur der Ohrregion stehen sich echte Falken und Eulen viel näher als Falken und Habichtartige. Es sind deshalb hier im System die Falken bewußt unmittelbar vor die Eulen gestellt worden. Für die Familie charakteristische Merkmale sind: „Falkenzahn" am Oberschnabel, ausgeprägte Längsleiste an der Gaumenfläche des hornigen Oberschnabels, stets 15 Halswirbel, 2. Handschwinge am längsten, Augenumgebung nackt. — Insgesamt 58, fast über die ganze Erde verbreitete Arten. In Europa Gattung *Falco* (Wander-, Baum-, Turm-, Würg-, Feldeggs-, Ger-, Eleonoren-, Rotfuß-, Rötelfalke, Merlin); hierher gehören ferner besonders die südamerikanischen Gattungen *Polyborus* (Geierfalken), *Milvago* (Schreibussarde), *Daptrius* (Chimangos).

25. Ordnung: *Striges* — Eulen

Großköpfige Nachtraubvögel mit großen, nach vorn gerichteten Augen. Außenzehe ist Wendezehe (meist nach vorn gerichtet). Weiches, häufig rindenfarbenes Gefieder, Federn ohne Afterschaft, Lauf und Fuß meist ganz befiedert, Bürzeldrüse nackt, Gesichtsbefiederung mit „Schleier". Ohr oft von häutigem Deckel geschützt, über den Ohren häufig Federbüschel. Ohne Kropf. — Weltweit verbreitet. Primär Waldbewohner, auch in Steppen und Tundren, einige Arten Kulturfolger. — Meist dämmerungs- bzw. nachtaktive Vögel. Lautloser, mottenartiger Flug. Sehr feines Gehör. Nahrung rein animalisch, bevorzugt Nager, Vögel, Fische (Fischeule *Ketupa)*, Frösche und Insekten. Beute wird ganz verschlungen, keine Rupfungen; unverdauliche Nahrungsreste werden als Gewölle durch den Schnabel wieder ausgeschieden; Eulengewölle enthalten die Knochen (besonders Schädel und Becken) der Beutetiere. Kopf außerordentlich drehbar, nach jeder Seite um etwa 270°. Stimme hellrufende Laute oder dumpfes Heulen und Kreischen, bei Erregung knappen die Eulen laut mit dem Schnabel. Kratzen sich vorn herum. Außer Sumpfohreule *(Asio flammeus)* wird kaum noch Nest selbst gebaut, Gelege in altem Gemäuer, Fels-, Baumhöhlen, auf dem Boden, in Elstern-, Krähennestern oder dgl., in Erdbauten von Säugern (Nager, Gürteltiere); 1—2 bis 11 rundliche reinweiße Eier. Tagvögel „hassen" auf bei Tage aufgescheuchte Eulen. — Einheitliche Ordnung, die außer zu den Falken taxonomische Beziehungen zu den nachfolgenden *Caprimulgi* aufweist. Viele Gattungen mit insgesamt 134 Arten. Schleiereulen mit verdicktem Interorbitalseptum und vollständigem, das Gesicht zweiteilendem Schleier, in Europa vertreten durch *Tyto alba* (Schleiereule); Ohreulen mit aufgerichteten „Federohren": *Bubo* (Uhus), größte Eulen, *Asio* (Wald-, Sumpfohreulen; Abb. 63), *Otus* (Zwergohreulen); Käuze ohne Ohrfedern: *Strix* (Waldkäuze), *Athene* (Steinkäuze), *Aegolius* (Rauhfußkäuze), *Glaucidium* (Zwergkäuzchen); ferner *Nyctea* (Schnee-Eulen), *Surnia* (Sperbereulen), die letzten 3 Gattungen tagaktiv, des weiteren *Speotyto* (Erd- oder Höhleneulen), *Ketupa* (Fischeulen), *Scotopelia* (Nacktfußeulen).

Abb. 63. Waldohreule (*Asio otus*)

26. Ordnung: *Caprimulgi* — Nachtschwalben

Gefieder ähnlich wie bei Eulen. Weite Schnabelöffnung, Schnabel kurz, dreieckig, an der Wurzel von weicher Haut bedeckt und befiedert mit „Reusenborsten"; Kehlsack. Kein Klammerfuß. — Über die ganze Erde verbreitet, fehlen auf vielen Inseln, im arktischen und antarktischen Gebiet. Waldbewohner, aber auch in Steppen, Wüsten. — Dämmerungs- und Nachttiere. Nahrung vor allem Insekten, die als Luftplankton vorzugsweise im Fluge mit der großen Schnabelreuse gefangen wird; der südamerikanische Fettschwalm *(Steatornis caripensis)* ist reiner Früchtefresser, Früchte werden im Fluge abgerissen. Auf der Erde unbeholfen, nur *Nyctidromus* ist ein hochbeiniger schneller Läufer. Sitzen längs der Astrichtung auf Baumzweigen, nur *Podargus* und *Batrachostomus* (Schwalme) sitzen quer auf den Ästen. Brüten meistens in Bodenvertiefungen ohne Nestunterlage, *Aegotheles* (Zwergschwalme) in Baumhöhlen; die mittel- und südamerikanische Gattung *Nyctibius* (Tagschläfer) in natürlichen Astmulden, wobei die brütenden Tiere in aufrechter, starrer Haltung sitzen und einen Astknorren imitieren; meist nur 2 Eier, relativ kurze Brutdauer; Jungen mit Dunenkleid und sehend geboren, können nach wenigen Tagen laufen, lassen sich Futter von Altvögeln einwürgen, indem sie deren Schnabel umfassen. Lautäußerungen schnurrende, kurze Töne. Charakteristischer Vertreter der Europäische Ziegenmelker, *Caprimulgus europaeus*, der zu den echten Nachtschwalben gehört. Insgesamt 93 Arten, die in 5 Familien gegliedert werden können.

27. Ordnung: *Colii* — Mausvögel

Etwa finkengroße, bräunliche Steppenvögel mit Federhaube auf dem Oberkopf und langem 10fedrigen, stufigen Schwanz mit starrschäftigen Schwanzfedern, mittelste sehr lang. Haut sehr dick. Klimmfuß, 1. und 4. Zehe sind Wendezehen.*) Fruchtfresser. Darm ohne Blinddärme. — In Süd- und Ostafrika. — Gesellig lebende Vögel, napfförmiges Nest im Gebüsch, Gelege mit 2—5 gelblichweißen Eiern. Jungvögel mit grell gefärbtem Sperrrachen. Zirpende oder flötende Stimme. Mausvögel bewegen sich nach Meisenart. Nahrung vorwiegend Früchte. — 1 Gattung *(Colius)* mit 6 Arten.

28. Ordnung: *Trogones* — Nageschnäbler (Trogons)

Buntgefärbte Vögel mit Schmuckfedern, äußere Handschwingen meistens sichelförmig gebogen, Oberschwanzdecken auffallend lang, überragen z. T. den Schwanz; Haut sehr dünn. 1. und 2. Zehe nach hinten gerichtet, die kurzen Läufe z. T. ganz befiedert. Der kurze, hakig gebogene Schnabel an den Schneiden meistens sägeartig gezähnelt. — Zirkumtropische Urwaldvögel. — Träge Vögel, die nach Fliegenschnäpper-Art Insekten fangen (afrikanische und asiatische Trogons) oder im Fluge Früchte von den Zweigen abreißen (amerikanische Trogons). Nester in Baumhöhlen oder Termitenbauten. 2—4 Eier pro Gelege, beide Geschlechter brüten; Jungen schlüpfen nackt. — 35 Arten, amerikanische Gattungen *Pharomachrus* (Quesal), *Trogon, Prionotelus*, asiatische Gattung *Harpactes*, afrikanische Gattungen *Apaloderma, Heterotrogon*. Der Quesal ist Wappenvogel von Guatemala.

29. Ordnung: *Coraciae* — Rackenartige

Keine einheitliche Ordnung. Sie umfaßt folgende 7 Familien:

---

*) Doppelte Aufhängung des Unterkiefers durch zusätzliche Gelenkbildung (vgl. auch S. 32).

1. Familie: *Coraciidae* — Racken

Meist bunte Vögel mit unbefiederter Bürzeldrüse. Junge wie die Eisvögel zuerst nackt, dann „igelstachlig“, weil die Hornscheiden der Federn relativ spät aufplatzen. Innenzehe besonders bei Jungvögeln beim Sitzen stark auswärts gedreht. — Baum- oder Bodenvögel der Alten Welt (Eurasien, Afrika, Australien). — Eier in Erd- oder Baumhöhlen, bei manchen ohne Nest. Eier reinweiß. Kratzen den Kopf „hinten herum“. Nahrung animalisch. — Familie den Eisvögeln nahestehend, 17 Arten. Erdracken mit 4 Gattungen auf Madagaskar beschränkt: *Brachypteracias* u. a.; Kurols *(Leptosomus discolor)*, Geschlechter stark unterschiedlich, Waldbewohner auf Madagaskar und den Komoren. Echte Racken 2 Gattungen *(Eurystomus, Coracias)* und 11 Arten, in O-Europa (auch SO-Deutschland), Italien, Spanien, franz. Mittelmeerküste die auch kleine Wirbeltiere (z. B. Frösche) fressende Blauracke oder Mandelkrähe *(C. garrulus)*, hellblau mit rehbraunem Rücken, einer der schönsten europäischen Vögel.

2. Familie: *Alcedinidae* — Eisvögel

Kleine bis mittelgroße farbenprächtige Vögel von gedrungenem Körperbau mit kurzem Hals, dickem Kopf und langem Schnabel, kurzem Schwanz. Schreitfuß, Zehen z. T. verwachsen, 3 Vorder-, 1 Hinterzehe, bei *Ceyx* und *Alcyone* fehlt die 2. Zehe. — In tropischen und subtropischen Breiten der Erde. — Eisvögel sind entweder „Jäger“, abseits vom Wasser lebende Feld- und Waldbewohner, die sich von Insekten, Würmern, Fröschen, Eidechsen, Schlangen, Nagern ernähren, oder „Fischer“, die am oder in der Nähe von Wasser leben und dort Wasserinsekten oder kleine Fische stoßtauchend fangen. Nester der „Jäger“ in Termitenbauten, Baumhöhlen, der „Fischer“ in Steilwänden von Bach- oder Flußufern, z. T. in 1 m Tiefe. Eier weißglänzend, rundlich. Junge mit „Stachelkleid“ wie bei Racken. Gesang bei manchen Vertretern markant: Rieseneisvogel *(Dacelo gigas)* in Australien ein lautes Lachen („Lachender Hans“), unser europäischer Eisvogel *(Alcedo atthis)* ein hoher, durchdringender Pfiff „tiht“. Wichtigste Gattungen *Alcedo* (Eisvogel), *Ramphalcyon* (Storchschnabel), *Clytoceyx* (Froschschnabel), *Halcyon* (Lieste), *Tanysiptera* u. a.

3. Familie: *Meropidae* — Bienenfresser

Bis mittelgroße, farbenprächtige Vögel von schlanker Körperform mit säbelförmigem Schnabel, unbefiederter Bürzeldrüse und Füßen ähnlich wie bei den Eisvögeln. Beide Geschlechter gleich gefärbt. — In der Alten Welt (Eurasien, Afrika, Indoaustralien). — Insektenfresser, auch die bewehrten Bienen und Wespen. Selbstgegrabene Röhren in Lehmwänden und Kiesufern, an deren Ende die Brutkammer; gesellig brütend. 5—7 weiße Eier pro Gelege. — 25 Arten, 6 Gattungen *Merops, Nyctinis* u. a. Der südeuropäische Bienenfresser, *Merops apiaster,* manchmal auch in Deutschland.

4. Familie: *Momotidae* — Sägeracken

Mittel- und südamerikanische einzeln oder paarweise lebende Insektenfresser mit sägeartig gezähnten Schnabelrändern. Niströhre in Böschungen. 6 Gattungen, 8 Arten, u. a. *Momotus, Hylomanes, Eumomotus.*

5. Familie: *Todidae* — Todis

Eine Gattung *(Todus)* auf den Antillen vorkommender, etwa zaunkönіggroßer, gebüschbewohnender Insektenfresser. Oberseits grün, rote Kehle. Neströhre in Erdböschungen. 5 Arten.

6. Familie: *Upupidae* — Hopfe

Rackenartige mit säbel- oder sichelförmigem Schnabel, Fuß 3 Zehen nach vorn, die 1. Zehe nach hinten, die beiden äußeren Zehen nur an der Wurzel verbunden. Schwanz 10fedrig, Kopf mit zweizeiligem nach hinten zusammenlegbarem Federbusch, Baumhopfe ohne diese Haube. — Paläarktis, tropische Gebiete Afrikas und Asiens. — Nahrung Insekten, Würmer, die bei den Wiedehopfen an Waldrändern, Wiesen und Viehweiden aus dem Boden geholt werden. Höhlenbrüter in Höhlen aller Art. Nur Weibchen brüten, deren Bürzeldrüse während dieser Zeit ein unangenehmes, ammoniakalisch riechendes Sekret absondert, das sich auch den Jungen mitteilt. Enddarm-Inhalt kann als Abwehraktion ausgespritzt werden. — Insgesamt 7 Arten. Echte Hopfe vertreten durch unseren Wiedehopf, *Upupa epops* (Abb. 64); Baumhopfe, reine Waldbewohner, suchen Nahrung an Baumrinden, benutzen und mausern Schwanzfedern wie Spechte, 3 Gattungen, *Phoeniculus* u. a.

Abb. 64. Kopf vom Wiedehopf (Upupa epops)

7. Familie: *Bucerotidae* — Nashornvögel

Elster- bis putergroße, schlanke Vögel mit langem Hals und auffallend großem Schnabel, der sägeartig gezähnelt ist und einen hornförmigen, helm- oder leistenartigen Auswuchs trägt. Steppen- oder Waldbewohner Afrikas, Südasiens und der Malayischen Inseln. — Schlechtfliegende Baumvögel; Früchte- und Insektenfresser, auch kleine Wirbeltiere. Höhlenbrüter, Männchen mauert Weibchen mit Lehm, der mit dem eigenen Kot und Pflanzenstoffen vermischt ist, so weit ein, daß nur noch der Schnabel herausschauen kann; Weibchen macht während dieser Zeit Vollmauser durch, verläßt das Nest erst mit den flüggen Jungen. Lautäußerungen bei großen Arten regelrechtes Gebrüll. 45 Arten, einige Gattungen, u. a. *Bucorax* (Hornraben), *Buceros* (Nashornvögel), *Tockus* (Tokos), *Ceratogymna* (Kehlsack-Hornvögel), *Lophoceros*.

30. Ordnung: *Macrochires* — Schwirrvögel

Außerordentlich fluggewandte, relativ kleine Vögel mit sehr schmalen, langen Flügeln; Oberarm ist kurz und dick, das Handskelett lang und trägt 10 Handschwingen, deren äußerste die längste ist; 10 Steuerfedern, Bürzeldrüse nackt. Keine oder nur sehr kurze Blinddärme. Schwache Klammer- oder Gangfüße, die zum Gehen wenig tauglich sind. Nesthocker. — Zu den Schwirrvögeln gehören 2 Familien:

1. Familie: *Apodidae* — Segler

Schwirrvögel von Schwalbengestalt mit Klammerfuß, 4 nach vorn gerichtete Zehen, Lauf befiedert. Kurzer niedriger Schnabel, röhrenförmige Nasenlöcher. — Außer Neuseeland auf dem ganzen Erdball. — Tagvögel, die in reißendem Flug ununterbrochen mit schnellen, zitternden Flügelbewegungen oder segelnd unterwegs sind und meist im Fluge ihre Insektennahrung zu sich nehmen, Niststoffe aufnehmen, die Begattung vollziehen und vielleicht auch schlafen. Kommen vom Erdboden nicht wieder in die Lüfte. Nisten meist gesellig in Höhlungen (Baum-, Fels-, Gemäuerhöhlen); das Nistmaterial (Federn, Halme, Baumwolle) wird mit Speichelsekret zusammengeklebt; Salanganen *(Collocalia)* bauen ihre Nester fast ausschließlich aus ihrem schnell erhärtenden Speichel und heften sie an Felsen („eßbare Schwalbennester"); afrikanischer Palmsegler *(Cypsiurus)* kleben Nester, Eier und Jungvögel auf Palmblättern fest. Gelege 1—3 weiße Eier; Jungvögel bekommen das Futter ausgewürgt. Stimme lediglich schrille, meist im Flug ausgestoßene Rufe. — Insgesamt 79 Arten, wichtigste Gattungen *Apus (Segler)*, in Deutschland der Mauersegler *(A. apus)*; *Chaetura* (Stachelschwanzsegler); *Macropteryx* (Baumsegler).

2. Familie *Trochilidae* — Kolibris

Kleine Schwirrvögel, die kleinsten etwa hummelgroß, die größten von Mauerseglergröße mit prachtvollem, metallglänzendem Gefieder, oft mit Schmuckfedern. Meist langer, dünner gerader bis sichelförmiger Schnabel; weit vorstreckbare Zunge; oft bestimmten Blütenformen angepaßt. — Nur in der Neuen Welt, von Alaska bis Feuerland. — Nahrung (Insekten, Nektar) wird schmetterlingsartig im Schwirrflug aufgenommen, Zahl der Flügelschläge sehr hoch (50 und mehr pro Sek., vgl. S. 42. Setzen sich nie auf den Boden. Nisten auf Zweigen und Blättern, Nest dickwandig, napfförmig, gut mit Moos, Flechten oder dergleichen zur Verminderung von Wärmeverlusten ausgepolstert; Männchen beteiligt sich weder am Nestbau noch an der Brutpflege. Stets 2 weiße, relativ große, meist walzenförmige Eier. Klamme Junge werden „gewaltsam" gefüttert. Während der Nacht schränken K. ihren Energieverbrauch durch Annäherung an die Poikilothermie ein. Stimme kurze schrille Töne. — Viele Gattungen, 319 Arten: *Phaëthornis* (Sonnenkolibris), *Eutoxeres* (Bogenschnäbler), *Ocreatus* (Flaggensylphen), *Lesbia* (Schleppensylphen), *Archilochus, Heliangelus, Metallura* u. a. (Abb. 65).

Abb. 65. Schwertschnabel-Kolibri (Docimastes ensifer)

31. Ordnung: *Pici* — Spechtartige

Umfangreiche Ordnung von Vögeln mit Kletterfuß, bei dem die 1. und 4. Zehe, der 2. und 3. Zehe gegenübergestellt werden kann. Ohne Kropf und ohne Blinddärme. 10—12 Armschwingen, 10 Handschwingen, keine Pelzdunen. Höhlenbrüter mit weißen Eiern, Nesthocker. — 6 Familien:

1. Familie: *Indicatori* — Honiganzeiger

Wendehalsähnliche Spechtartige in tropischen Waldgebieten Afrikas, ferner im Himalaya, in Malakka, auf Sumatra und Borneo. Nahrung Insekten, vornehmlich Bienenlarven. Da die Vögel wegen ihres kurzen, schwachen Schnabels die Bienenbauten nicht selbst öffnen können, machen sie durch Geschrei den

Honigdachs und den Menschen auf entdeckte Bienennester aufmerksam, um dann die Bienenbrut aus den aufgebrochenen Nestern holen zu können. Alle 12 Arten mit den Gattungen *Indicator, Prodotiscus, Melichneutes, Melignomon* sind Brutparasiten, die ihre weißen Eier in die Höhlennester anderer Spechtartiger legen. Jungvögel mit langem Schnabelhaken zum Hinausbefördern ihrer Stiefgeschwister aus dem Nest.

2. Familie: *Ramphastidae* — Pfefferfresser (Tukane)

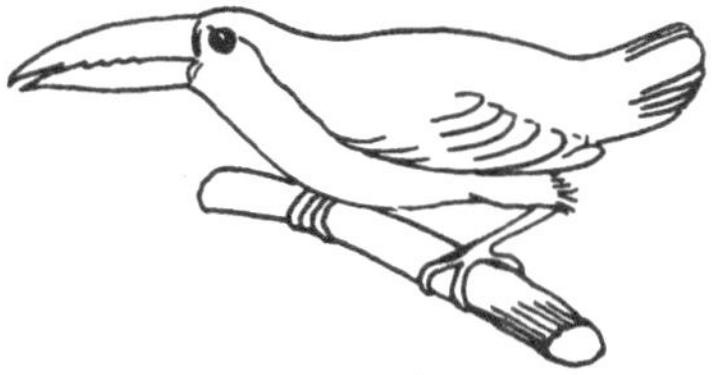

Abb. 66. Tukan (Ramphastus erythrorhynchos)

Etwa krähengroße, auffallend bunte Waldbewohner mit ungemein großem, dabei aber trotzdem sehr leichtem Schnabel, dessen Scheiden sägeartig gekerbt sind. Vorwiegend Früchtefresser in Brasilien und Mexiko. — 37 Arten, Gattungen *Ramphastus* (Tukane), *Pteroglossus* (Schwarzarassari), *Selenidra* (Kurzschnabeltukan) u. a. (Abbildung 66).

3. Familie: *Bucconidae* — Faulvögel

Träge, auf Baumzweigen sitzende und auf vorüberfliegende Insekten lauernde Vögel mit verschieden langem, kräftigem, an der Spitze gebogenem Schnabel. In der Gestalt kuckucksähnlich („Bartkuckucke"), manche Arten auch an Eisvögel erinnernd. — In Mittel- und Südamerika. — 32 Arten, *Bucco* (Faulvögel), *Nonnula* (Zwergfaulvögel), *Chelidoptera* (Schwalbenfaulvögel) u. a.

4. Familie: *Galbulidae* — Glanzvögel

Träge Urwaldvögel Mittel- und Südamerikas, die wie die Faulvögel vorüberfliegende Insekten nach Fliegenschnäpperart fangen. Gefieder oft mit schönem Metallglanz. Schnabel pfriemenförmig lang und kräftig. — Nahe mit den *Bucconidae* verwandt. 14 Arten, *Galbula* (Glanzvögel), *Jacamerops* (Breitmauljakamar) u. a.

5. Familie: *Capitonidae* — Bartvögel

Kleine bis spechtgroße Vögel von gedrungener Gestalt. Die seitlich an der Schnabelwurzel befindlichen Nasenlöcher von langen Borsten umstanden. Nahrung fleischige Früchte. Beißen sich aus morschen Stämmen ihre Nisthöhlen selbst aus. In der heißen Zone Afrikas, Asiens, Amerikas. — 76 Arten, *Capito* (Bartvögel), *Megalaima* (Grünbärtling), *Tricholaema* (Haarbärtling) u. a.

6. Familie: *Picidae* — Spechte

Klettervögel mit geradem, verlängertem, meißelartigem Schnabel. Dünne sehr weit vorstreckbare Zunge; Zungenbein mit sehr langen bogenförmigen, sich um den Schädel legenden hinteren Hörnern. Schäfte der Steuerfedern von erheblicher Steifheit, Stützschwanz; Wendehälse und Weichschwanzspechte mit weichschaftigen Schwanzfedern. Die kleinsten Spechte zaunkönig-groß, die größten rabengroß. — Vorwiegend Waldbewohner in Eurasien, Afrika, Amerika. — Nahrung vor allem Insekten; Erdspechte bevorzugen Ameisen und deren Puppen; Baumspechte zerspalten Baumrinde und harpunieren mit der langen Zunge die Nahrung, zertrümmern auch Kiefernzapfen, Eicheln, Nußschalen. Manche Arten legen Vorratskammern an, indem sie Eicheln, Nüsse und dergleichen in Baumrinde, Häusergebälk usw. einklemmen (*Melanerpes* — Sammelspecht). Zur Balzzeit ist das „Trommeln", rasch aufeinanderfolgende Schnabelhiebe auf hohlklingenden Gegenständen, Ästen, Rindenstücken, charakteristisch. Nisthöhlen werden selbst ausgemeißelt: rundes oder ovales Schlupfloch, kurze waagerechte Röhre, die sich dann senkrecht abwärts bis zu einer Erweiterung, der Nisthöhle, zieht. Weiße, porzellanglänzende Eier, kurze Brutdauer, kurze Entwicklungszeit. — Insgesamt 210 Arten: Wendehälse (*Jynx*) brüten in vorhandenen Baumhöhlen; Weichschwanzspechte (*Picumnus, Sasia* = Mausspecht) sehr klein, Nasenlöcher mit dichten Borsten überdeckt; Echte Spechte mit den Gattungen *Colaptes* (Erdspecht), *Picus* (Grün-Grauspecht), *Dendrocopus* (Bunt-, Blut-, Weißrücken-, Klein-, Mittelspecht), *Picoides* (Dreizehenspecht), 1. Zehe fehlt, *Dryocopus* (Schwarzspecht), *Chrysocolaptes* (Sultansspechte) u. a.

32. Ordnung: *Passeres* — Sperlingsvögel

Kleine bis mittelgroße Vögel mit Gangfüßen, nach hinten gerichteter Innenzehe, die mit den Vorderzehen auf gleicher Höhe eingelenkt, unbefiedertem Lauf, der auf der Vorderseite stets größere (meist 7) „Tafeln" als auf der Hinterseite trägt und verschiedenartig gestaltetem Schnabel. Die Federn sind ohne oder nur mit kleinem, dunigem Afterschaft versehen, die Bürzeldrüse ist stets völlig nackt. Ohne echten Kropf, mit reduzierten Blinddärmen. — Weltweit verbreitet, in allen Regionen und Biotopen. — Ursprünglich Baum- und Gebüschvögel, Lerchen und Steinschmätzer baumen nicht auf, *Menura* (Leierschwanz) kann fast nicht mehr fliegen. Die Mehrzahl als Insektenfresser, Schwalben nehmen Nahrung nur noch im Fluge auf, *Cinclus* (Wasseramsel) nur am Boden von klaren Gebirgsgewässern; aber auch reine Körnerfresser. Alle Sperlingsvögel kratzen sich den Kopf „hinten herum". Viele Vertreter bauen kunstvolle Nester, Junge sind Nesthocker, stets blind mit Bedunung oder völlig nackt geboren, alle „sperren" während ihres Aufenthaltes im Nest mit meist ziemlich grell gefärbter Mundhöhle den fütternden Elterntieren entgegen. — Umfangreichste aller Ordnungen, mehr als die Hälfte aller Vogelarten gehört hierher. Man unterscheidet 4 Unterordnungen:

1. Unterordnung: *Eurylaimi* — Breitmäuler

Hierher gehört nur eine Familie: *Eurylaimidae* — Breitmäuler. Auf Grund der Verbindungsweise der Zehen und der Sehnen der Zehenbeugemuskeln werden die Breitmäuler allen anderen Sperlingsvögeln gegenübergestellt. — Es sind vorzugsweise insektenfressende Urwaldvögel, einige ernähren sich von Früchten. Im indo-malayischen Gebiet und in Afrika. Beutelnester mit seitlichem Eingang. — 14 Arten, 8 Gattungen, u. a. *Eurylaimus* (Hornrachen), *Calyptomena* (Smaragdrake).

2. Unterordnung: *Tyranni* — Tyrannenartige

Umfangreiche Unterordnung von Vögeln, bei denen der Stimmapparat (unterer Kehlkopf) vom unteren Ende der Luftröhre allein oder unter Beteiligung der Bronchien gebildet wird; die Syrinxmuskulatur setzt in der Mitte, am oberen oder unteren Rande der bronchialen Knorpelspangen an, man bezeichnet sie auch als unsymmetrisch inserierende Singmuskulatur. — Hauptsächliche Verbreitung in Amerika, hier z. T. stark spezialisierte Formen, die in Gestalt, Lebensweise und Biotopansprüchen vielfach an ähnliche Typen der Singvögel in der Alten Welt erinnern. Hierher folgende Familien:

1. Familie: *Rhinocryptidae* — Bürzelstelzer

Hähergroße Bodenvögel Südamerikas. Nester in selbstgegrabenen Röhren. — 26 Arten, 11 Gattungen.

2. Familie: *Conopophagidae* — Mückenfänger

Kleine Insektenfresser, in dichtem Pflanzenwuchs lebend. — 2 Gattungen, 10 Arten in Südamerika.

3. Familie: *Formicariidae* — Ameisenvögel

Schlecht fliegende, sperlingsgroße, insektenfressende Schreivögel in dichten Wäldern Mittel- und Südamerikas. Stellen gern den Wanderameisen nach. Rückengefieder und Bürzelbefiederung eigentümlich wollig. — 53 Gattungen, 221 Arten.

4. Familie: *Furnariidae* — Töpfervögel

Hierher die den Drosseln entsprechenden eigentlichen Töpfervögel, die überwölbte, meist aus Pflanzenstoffen bestehende Nester bauen, und die den Baumläufern ähnlichen Baumsteiger, die Baumrinden nach Insekten absuchen. Der Töpfervogel, *Furnarius rufus*, baut auf Baumästen backofenförmige Nester aus Lehm. — 71 Gattungen, 259 Arten in Mittel- und Südamerika.

5. Familie: *Pittidae* — Prachtdrosseln

Drosselgroße, farbenprächtige, kurzschwänzige Vögel mit offenen, kugelförmigen Nestern. In den tropischen Urwäldern und Bambusdickichten der indo-malayischen Inselwelt, in Australien und mit einer Art *(P. angolensis)* in Afrika. — 1 Gattung *(Pitta)*, 23 Arten.

6. Familie: *Philepittidae* — Lappenpittas

Finkengroße bunte Bodenvögel. Männchen tragen fleischigen Lappen über dem Auge. — 1 Gattung *(Philepitta)*, 4 Arten, auf Madagaskar beschränkt.

7. Familie: *Xenicidae* — Buschschlüpfer

Auf Bäumen lebende, insektenjagende, unscheinbare kleine Vögel auf Neuseeland. Bauen flaschenförmige Nester in vorgefundenen Baumlöchern. — 2 Gattungen, 4 Arten.

8. Familie: *Tyrannidae* — Tyrannen

Baum- oder bodenlebende Vögel der Neuen Welt, die den Würgern entsprechen. Ernähren sich von Insekten, Früchten, größere Arten auch von Nagern. Erinnern im Habitus an Meisen, Lerchen, Fliegenschnäpper oder Würger. — 366 Arten, sehr viele Gattungen, u. a. *Elaenia* (Fliegenstecher), *Pitangus* (Häscher), *Hirundinea* (Schwalbenschwanztyrann), *Tyrannus* (Königsvogel), *Oxyruncus* (Flammenköpfe).

9. Familie: *Pipridae* — Manakins

Kleine bis mittelgroße, meisenartige Vögel der Waldregionen Mittel- und Südamerikas. Männchen z. T. lebhaft gefärbt, vielfach auch unscheinbar. Manche mit verlängerten Kehlfedern (Abb. 67). Schwarmvögel, die Insekten oder Beeren fressen. — 59 Arten, 20 Gattungen, u. a. *Pipra* (Samtvögel), *Manacus* (Manakins).

Abb. 67. Mönchsschmuckvogel (Manacus manacus)

10. Familie: *Cotingidae* — Schmuckvögel

Zaunkönig- bis krähengroße Vögel der feuchten Wälder Mittel- und Südamerikas. Lebhaft gefärbte Baumbewohner mit Schmuckfedern, faden- bzw. lappenförmigen Kopf- und Halsanhängen, die besonders bei Männchen dem Balzverhalten dienen. Vor allem Früchtefresser. Offene Nester in Baumhöhlen, Felsspalten oder selbst gebaut. — 90 Arten, 30 Gattungen, u. a. *Cotinga* (Kotingas), *Cephalopterus* (Schirmvogel), *Procnias* (Glockenvogel), *Ampelion* (Purpurvogel).

11. Familie: *Phytotomidae* — Pflanzenmähder

Finkenartige Vögel mit kurzem, starkem Schnabel, dessen Ränder sägeartig eingekerbt sind. Leben von pflanzlicher Nahrung. Gattung *Phytotoma* mit 3 Arten in den westlichen und südlichen Teilen Südamerikas.

3. Unterordnung: *Menurae* — Leierschwänze

Eine kleine Gruppe australischer, fluguntüchtiger Urwald- und Dickichtbewohner. Die Leierschwänze, Gattung *Menura* mit 2 Arten, sind fasanengroße Laufvögel mit Scharrfüßen, deren Männchen Schwanzschmuckfedern besitzen, von denen das äußerste Paar leierförmig geschwungen ist. Für Sperlingsvögel ungewöhnlich lange Brutdauer von 35—40 Tagen. Nur 1 Ei, Jungvogel schlüpft blind mit dichter Bedunung auf der Oberseite. Sehr langsame Nestlingsentwicklung. — Die Dickichtvögel, Gattung *Atrichornis* mit 2 Arten, sind drosselgroß, bauen backofenförmige Nester aus Blättern und Moos mit seitlichem Eingang; Gelege aus 2 Eiern. Schlüsselbeine völlig verkümmert. Laute Stimme.

4. Unterordnung: *Oscines* — Singvögel

Mit 3990 Arten die umfangreichste Gruppe dieser Ordnung; daraus erhellt die außerordentliche Entfaltung der Singvögel. Kennzeichnendes Merkmal der Besitz von mehr als 3 (meist 7) Stimm-Muskelpaaren, die am oberen und unteren Rande der bronchialen Knorpelspangen symmetrisch ansetzen. Voneinander unabhängige, freie Beweglichkeit der Zehenbeuger. — Die allgemein gebräuchlichen etwa 40 Familien der in allen Landgebieten der Erde vorkommenden Singvögel haben nicht denselben Rangwert wie bei den anderen Vogelgruppen, sind in der Mehrzahl nicht scharf zu trennen und durch Übergänge miteinander verbunden. Als wichtigste Familien-Unterscheidungsmerkmale werden Laufbekleidung, Schnabelform, Abzeichen am Sperr-Rachen der Jungvögel, Zahl der Schwanzfedern und Handschwingen, Mauserverhältnisse, Ernährungsweisen, Nestbau und Zeichnungsmuster der Eier herangezogen. Die nachfolgenden 10 weitgefaßten Familien entsprechen etwa denen anderer Ordnungen und fassen jeweils mehrere bisher im Range von „Familien" stehende Singvogelgruppen zusammen:

1. Familie: *Corvidae* — Rabenvögel

Hierher gehören die größten Singvögel, die gleichzeitig mit sehr hoher Gehirndifferenzierung eine lange und hochentwickelte nachembryonale Brutpflege aufweisen. Kräftiger, meistens etwas gebogener Schnabel, Nasenlöcher an der Wurzel gelegen, häufig von Borsten überdeckt. Paradiesvögel mit herrlicher Federnpracht und bis zu 1 m langen Schmuckfedern bei den Männchen. Geschlechter sonst auch häufig gleich. — In allen Biotopen der Erde. — Laubenvögel bauen zur Balz Laubengänge aus schräg in den Boden gesteckten, oben zusammenstoßenden Zweigen; die Außenwände der Lauben werden mit Blüten geschmückt. Die Vorplätze der beiderseitigen Eingänge dienen als Balzplätze und sind mit Schnecken-, Muschelschalen, Korallenbruchstücken usw. ausgelegt. Brutnester auf Bäumen. Stimme im allgemeinen krächzend. Tierische und pflanzliche Nahrung. — Wichtige Gattungen: *Corvus* (Rabe, Raben-, Nebel-, Saatkrähe), *Coloeus* (Dohle), *Pica* (Elster), *Nucifraga* (Tannenhäher), *Garrulus* (Eichelhäher), *Pyrrhocorax* (Alpendohle, -krähe), *Paradisaea* (Paradiesvögel), *Gymnorhina* (Flötenvögel), *Ptilonorhynchus* (Laubenvögel) u. a.

2. Familie: *Laniidae* — Würgervögel

Häufig kontrastreich gefärbte, sperlings- bis drosselgroße Singvögel mit einem kräftigen, an der Spitze zu einem Haken gebogenen Schnabel, mit Zahnauskerbung. Seidenschwänze ohne Schnabelhaken, aber mit „Zahn"; Kopffedern z. T. als Haube. — Weltweit; lieben freieres Gelände, Buschwälder, Gehölztriften. — Nahrung Insekten, Reptilien, kleine Nager und Vögel; Seidenschwänze Insekten, Beeren und auch pflanzliche Nahrung. Manche Arten spießen ihre Beute vor Verzehr auf Dornen. Freistehende, dickwandige Nester. Klangvolle Stimmen, vermögen auch die Stimmen anderer Vögel nachzuahmen. — Wichtige Gattungen: *Lanius* (Neuntöter, eigentliche Würger), *Malaconotus* (Buschwürger), *Laniarius* (Weichbürzler), *Pityriasis* (Glatzenkopf), *Vanga* (Blauwürger), *Prionops* (Brillenwürger), *Artamus* (Schwalbenwürger), *Bombycilla* (Seidenschwänze) u. a.

3. Familie: *Muscicapidae* — Insektenfresser

Umfangreichste, nicht scharf begrenzte Familie. Hauptkennzeichen mehr oder weniger flacher Schnabel mit kürzeren oder längeren Schnabelborsten und 10 (Stelzen nur 9) Handschwingen. — Die Fliegenschnäpper in der Alten Welt, die Drosselverwandten über die ganze Erde verbreitet. — Die Stelzen Bodenvögel, Fliegenschnäpper jagen von Ast- und Zweigspitzen aus im Stoßflug, Drosseln fressen neben Insekten gern auch Beeren usw. Nester häufig napfförmig, in Halbhöhlen, backofenförmig oder kugelig mit seitlichem Eingang wie bei den Zaunkönigen, auf Bäumen, niedrig im Gezweig, oder am Erdboden wie bei Stelzen, Piepern, Laubsängern. Außerordentlich gesangbegabte Familie. — Wichtigste Gattungen: *Muscicapa* (Fliegenschnäpper), *Tchitrea* (Paradiesschnäpper), *Timalia* (Timalien), *Panurus* (Bartmeisen), *Sylvia* (Grasmücken), *Phylloscopus* (Laubsänger), *Locustella* (Schwirle), *Acrocephalus* (Rohrsänger), *Hippolais* (Spötter), *Erythropygia* (Heckensänger), *Regulus* (Goldhähnchen), *Cettia* (Seidensänger), *Turdus* (Drosseln), *Oenanthe* (Steinschmätzer), *Saxicola* (Wiesenschmätzer), *Phoenicurus* (Rotschwänze), *Luscinia* (Nachtigallen), *Erithacus* (Rotkehlchen), *Mimus* (Spottdrosseln), *Troglodytes* (Zaunkönige), *Cinclus* (Wasserschmätzer), *Anthus* (Pieper), *Motacilla* (Stelzen).

4. Familie: *Hirundinidae* — Schwalben

Eng umschriebene Familie. Kopf flach mit großen Augen, kurzem, breitem Schnabel und weitem Rachen. Flügel lang, mit

9 Handschwingen; Schwanz tief gegabelt oder ausgerandet. Kurzer Lauf, kleine Füße. — Über die ganze Erde verbreitet. — Selten auf den Boden herabkommende, sehr fluggewandte Luftvögel. Jagen, trinken, baden im Fluge; ausschließlich Insektenfresser. Nester aus vom Boden aufgenommenem, durchspeicheltem Lehm an Felsen, Häusern, kugelförmig, völlig geschlossen, mit einem Einschlupfloch (Mehlschwalbe); in Häusern, schalenförmig, oben offen (Rauchschwalbe); selbstgegrabene Höhlen in steil abfallenden Uferwänden (Uferschwalbe), oder in Baumhöhlen (Baumschwalben). Lautäußerungen Gesang oder Zwitschern. Ruhen auf Drähten, Dächern, Zweigen aus (vgl. Abb. 47). — Gattungen: *Hirundo* (Rauchschwalben), *Delichon* (Mehlschwalben), *Riparia* (Uferschwalben), *Progne* (Baumschwalben), *Pseudochelidon* (Afrikanische Uferschwalbe) u. a.

5. Familie: *Oriolidae* — Pirolvögel

Etwa drosselgroße, z. T. sehr bunte Singvögel. Pirole im männlichen Geschlecht meist gelb, Stachelbürzler mit stachelartiger Gestaltung der Bürzelfedern, Haarvögel an Kopf, Nacken, Rücken mit langen haarartigen Fadenfedern zwischen den Konturfedern, die Blaufeenvögel mit Schwanzfedern von harter Beschaffenheit, Drongos haben meist schwarzes, glänzendes Gefieder und leierförmige äußere Schwanzfedern (vgl. Abb. 68). — In der Alten Welt Bewohner von offenem, gebüsch- und baumbestandenem Gelände. — Nahrung vorwiegend Insekten und Beeren. Nester teilweise sehr kunstvoll, napfförmig und aus Moos, Gräsern, Pappelwolle, Federn, auch Papier und dergleichen zusammengeflochten. Stimme flötend aber auch krächzend. — Wichtige Gattungen: *Pycnonotus* (Haarvögel), *Chloropsis* (Blattvögel), *Irena* (Blaufeenvögel), *Campephaga* (Stachelbürzler), *Pericrocotus* (Mennigvogel), *Dicrurus* (Drongos), *Oriolus* (Pirole), *Specotheres* (Nacktaugenpirole).

Abb. 68. Flaggendrongo (Dicrurus paradiseus)

6. Familie: *Sturnidae* — Starvögel

Oft sehr buntgefärbte, z. T. mit sehr langen Schwanzfedern ausgerüstete Singvögel, Weibchen meist unscheinbar. Schnabel

Abb. 69. Paradieswitwe (Steganura paradisea); Männchen

der Webervögel finkenartig, der der Stare gerade oder schwach gebogen, länger und dünner. Alle 10 Handschwingen. — In allen Lebensräumen der Alten Welt. Erst in jüngster Zeit sind der Haussperling *(Passer domesticus)*, Feldsperling *(P. montanus)*, Star *(Sturnus vulgaris)* aus Europa und Webervögel aus Afrika u. a. in Amerika eingeführt und verbreitet. — Kolonielebende Höhlenbrüter: Stare in Baum-, Felslöchern, künstlichen Nistkästen; Webervögel bauen oft sehr kunstvolle, beutelförmige, oben fast immer geschlossene Nester, z. T. mit langer Schlupfröhre; die kugel-, flaschen- oder retortenförmigen Nester der echten Weber hängen frei an Zweigspitzen. Nahrung Würmer, Schnecken, Insekten, Samen, Obst, Beeren. — Wichtigste Gattungen: *Sturnus* (Stare), *Pastor* (Rosenstare), *Lamprocolius* (Glanzstare), *Buphagus* (Madenhacker), *Bubalornis* (Büffelweber), *Passer* (Sperlinge), *Ploceus* (Goldweber), *Textor* (Viehweber), *Oryzornis* (Reisfinken), *Steganura* (Paradieswitwen; Abb. 69).

7. Familie: *Paridae* — Meisenvögel

Kleine Singvögel mit kurzem kegel- oder pfriemenförmigem (Meisen) bzw. mehr oder weniger gebogenem Schnabel (Baumläufer). Hinterzehe länger als die Mittelzehe, bei den Baumläufern in Anpassung an das Stammklettern sehr lange Zehen mit kräftigen Krallen. Flügel mit 10 Handschwingen. — Außer in Südamerika über die ganze Erde verbreitet, Waldbewohner. — Nahrung Insekten, Samen, Früchte; Meisen und Kleiber klemmen Samenkörner zwischen Zehen ein und öffnen sie dann durch kräftige Schnabelhiebe. Kleiber vermögen an Baumstämmen auf- und abwärts zu klettern, Baumläufer nur aufwärts. Meisen turnen im Gezweig häufig mit dem Rumpf nach unten hängend; kurzer, hüpfender Flug. Höhlenbrüter in Baumhöhlen, Felslöchern; Kleiber verkleben bis auf den Einschlupf die Brutlöcher. Schwanzmeisen legen in Astgabeln Moos- oder Flechtennester an. — Wichtige Gattungen: *Certhia* (Baumläufer), *Tichodroma* (Mauerläufer), *Sitta* (Kleiber), *Parus* (Meisen), *Aegithalos* (Schwanzmeisen), Bartmeisen siehe Familie *Muscicapidae*, Beutelmeisen siehe nachfolgende Familie.

8. Familie: *Promeropidae* — Honigvögel

Kleine Singvögel mit langer, schmaler, weit vorstreckbarer Zunge (Ausnahme Beutelmeisen), die spitzenwärts mehrfach pinselartig aufgespalten ist (Honigfresser) oder in zwei glatten Fäden ausläuft (Honigsauger) und allgemein mehr oder weniger gut als Saugrohr funktioniert. Schnabel verschieden gestaltet: häufig lang, dünn, vielfach säbel- oder sichelförmig gebogen. Besonders Honigsauger haben metallisch glänzendes Gefieder; Brillenvögel haben in der Mehrzahl einen weißen Federring um die Augen. — In der Alten Welt, Honigfresser nur im australischen, Mistelfresser nur im indo-australischen, Beutelmeisen im afrikanischen, asiatischen und auch nordamerikanischen Faunengebiet. — Nektar-, Insekten- und Früchtefresser. Nektar wird nicht kolibriartig schwirrend vor den Blüten, sondern meisenartig an den Blütenstengeln hängend aufgenommen; H. dienen damit aber ebenfalls der Blütenbefruchtung mancher Pflanzen. Nester bei den Beutelmeisen, Honigsaugern, z. T. auch Mistelfressern beutelförmig, kunstvoll geflochten, an Zweigen aufgehängt; Brillenvögel und Honigfresser napfförmige Nester im Baumgezweig. — Wichtige Gattungen: *Anthoscopus*, *Remiz* (Beutelmeisen), *Zosterops* (Brillenvögel), *Pardalotus* (Mistelfresser), *Nectarinia* (Honigsauger), *Cinnyris* (Blumensauger), *Arachnothera* (Spinnenfresser), *Meliphaga* (Honigfresser), *Myzomela* (Honigschmecker), *Philemon* (Hockerschnäbel), *Prosthemadera* (Priestervogel), *Promerops* u. a.

9. Familie: *Fringillidae* — Finkenvögel

Kleinere, Stärlinge bis krähengroße, Vögel mit 9 Handschwingen, meist kurzem konischen, kräftigen Schnabel; bei manchen ist der Oberschnabel hakig gebogen (Hakengimpel, Tangare, Laubwürger), bei den Kreuzschnäbeln sind die Spitzen von Ober- und Unterschnabel über Kreuz gebogen; Schnabel der Kleider- und Zuckervögel auch lang, dünn, sichelförmig. Zunge manchmal an der Spitze auch pinselförmig, bzw. halbröhrenförmig (Kleider-, Zuckervögel). Gefieder z. T. recht buntfarbig, glänzend; Geschlechter häufig verschieden gefärbt. — Weltweit verbreitet.

Stärlinge, Schwalbentangare, Kardinäle, Tangare, Plüschköpfe, Waldsänger, Zuckervögel und Laubwürger nur in der Neuen Welt; Kleidervögel nur auf den Hawaiischen Inseln. — Nahrung vorwiegend Samen, Früchte, aber auch Insekten, kleinere Wirbeltiere (Stärlinge), Zuckervögel auch Nektar, Tangare nur weichschalige Sämereien, Finken enthülsen vor dem Verzehr die Sämereien. Nester offen; bei Zuckervögeln kugelig mit seitlichem Flugloch; Schwalbentangare nisten in Baumlöchern; Nester der Ammern am oder dicht über dem Boden; bei den Stärlingen manche Arten Brutschmarotzer (z. B. Kuhstare), manche hingegen (z. B. Trupiale) bauen kunstvoll geflochtene, beutelförmige, oft meterlange Nester ähnlich den Webervögeln. Federn der Kleidervögel früher auf Hawaii von den Eingeborenen als Kleiderschmuck verwandt. — Wichtige Gattungen: *Vireo* (Laubwürger), *Drepanis, Psittirostra* (Kleidervögel), *Parula* (Waldsänger), *Coereba* (Zuckervögel), *Catamblyrhyncha* (Plüschköpfe), *Tersina* (Schwalbentangare), *Icterus* (Stärlinge), *Molothrus* (Kuhstare), *Tanagra* (Tangare), *Pyrrhuloxia* (Kardinäle), *Emberiza* (Ammern, Ortolane), *Fringilla* (Finken), *Chloris* (Grünfinken), *Pyrrhula* (Dompfaff), *Carduelis* (Grünling, Stieglitz, Zeisig, Hänfling), *Serinus* (Girlitz), *Loxia* (Kreuzschnäbel), *Coccothraustes* (Kernbeißer), *Prunella* (Braunellen).

10. Familie: *Alaudidae* — Lerchen

Eine in sich gut abgeschlossene Gruppe von Bodenvögeln mit sporenartiger, langer Kralle der Hinterzehe. Lauf hinten gerundet und hier mit gegliederten, vierseitigen Tafeln bedeckt. Schnabel finkenartig, aber auch schlank und schwach gebogen. 9—10 Handschwingen. Geschlechter meist gleichgefärbt. — Heide-, Steppen-, Halbwüstenbewohner der Alten Welt. *Eremophila* in Nordamerika. — Fluggewandt, viele steigen singend in die Lüfte und singen im Rütteln, manche schlagen dabei die Flügel zusammen und erzeugen so klatschende Fluggeräusche *(Mirafra)*. Bodennester. Nahrung Würmer, Insekten, Sämereien und grüne Pflanzenteile. — Wichtige Gattungen *Alauda* (Feldlerche), *Galerida* (Haubenlerchen), *Lullula* (Heidelerche), *Eremophila* (Ohrenlerchen), *Calandrella* (Kurzzehenlerche), *Rhamphocorys* (Knackerlerche), *Certhilauda* (Sichellerchen) u. a.

LITERATUR

Berndt, R. u. W. Meise: Naturgeschichte der Vögel. Stuttgart. Seit 1958 in Lieferungen. Noch nicht vollständig.

Fehringer, O.: Die Welt der Vögel. München 1951.

Freye, H.-A.: Anatomie des Haushuhns. Das Wirtschaftsgeflügel. Berlin 1957.

Fürbringer, M.: Untersuchungen zur Morphologie und Systematik der Vögel. 2 Bde. Amsterdam 1888.

Gadow, H.: Vögel. Bronn's Kl. u. Ordn. Bd. 6. Abt. 4. Leipzig 1891, 1893.

Gilliard, Th. E. u. G. Steinbacher: Vögel. Knaurs Tierreich in Farben, Bd. III, München 1959.

Groebbels, F.: Der Vogel. Bau und Funktion, Lebenserscheinung, Einpassung. Bd. I und II Berlin 1932, 1937.

Hartert, E.: Die Vögel der palaearktischen Fauna. Berlin 1912—1938.

Heinroth, O. u. M.: Die Vögel Mitteleuropas. 4 Bde. 1925—1933.

Makatsch, W.: Die Vögel der Erde. Berlin 1954.

Mayr, E. and D. Amadon: A Classification of Recent Birds. American Museum Novitates, Nr. 1496, 1951.

Niethammer, G.: Handbuch der deutschen Vogelkunde. 3 Bde. Leipzig 1937—1942.

Peters, J. L.: Checklist of Birds of the World. Vol. 1—7, Cambridge 1931—1951.

Peterson, R., G. Mountfort u. P. A. D. Hollom: Die Vögel Europas. Hamburg—Berlin 1954.

Reichenow, A.: Die Vögel. Handbuch der systematischen Ornithologie. 2 Bde. Stuttgart 1913—14.

Remmert, H.: Aves. Die Tierwelt der Nord- und Ostsee. Teil XII j, Leipzig 1957.

Romer, A. S. u. H. Frick: Vergleichende Anatomie der Wirbeltiere. Berlin 1959.

Stresemann, E.: Sauropsida: Aves. Handbuch der Zoologie. 7. Bd. 2. Hälfte, Berlin—Leipzig 1927—1934.

Stresemann, E.: Die Entwicklung der Ornithologie von Aristoteles bis zur Gegenwart. Berlin 1951.

Tinbergen, N.: Instinktlehre. Berlin—Hamburg 1956.

Wetmore, A.: A revised Classification for the Birds of the World. Smithsonian Miscellaneous Collections, Vol. 117, Nr. 4, 1951.

Namen- und Sachverzeichnis

GESAMTVERZEICHNIS

der

SAMMLUNG GÖSCHEN

Jeder Band DM 3,60 · Doppelband DM 5,80

Herbst 1960

WALTER DE GRUYTER & CO., BERLIN W 35

Inhaltsübersicht

Geisteswissenschaften

Philosophie

Einführung in die Philosophie von *H. Leisegang †*. 4. Auflage. 145 Seiten. 1960. (281)
Hauptprobleme der Philosophie von *G. Simmel †*. 7., unveränderte Auflage. 177 Seiten. 1950. (500)
Geschichte der Philosophie
I: Die griechische Philosophie von *W. Capelle*. 1. Teil. Von Thales bis Leukippos. 2., erweiterte Auflage. 135 Seiten. 1953. (857)
II: Die griechische Philosophie von *W. Capelle*. 2. Teil. Von der Sophistik bis zum Tode Platons. 2., stark erweiterte Auflage. 144 Seiten. 1953. (858)
III: Die griechische Philosophie von *W. Capelle*. 3. Teil. Vom Tode Platons bis zur Alten Stoa. 2., stark erweiterte Auflage. 132 Seiten. 1954. (859)
IV: Die griechische Philosophie von *W. Capelle*. 4. Teil. Von der Alten Stoa bis zum Eklektizismus im 1. Jh. v. Chr. 2., stark erweiterte Auflage. 132 Seiten. 1954. (863)
V: Die Philosophie des Mittelalters von *J. Koch*. In Vorbereitung. (826)
VI: Von der Renaissance bis Kant von *K. Schilling*. 234 Seiten. 1954. (394/394 a)
VII: Immanuel Kant von *G. Lehmann*. In Vorbereitung. (536)
VIII: Die Philosophie des 19. Jahrhunderts von *G. Lehmann*. 1. Teil. 151 Seiten. 1953. (571)
IX: Die Philosophie des 19. Jahrhunderts von *G. Lehmann*. 2. Teil. 168 Seiten. 1953. (709)
X: Die Philosophie im ersten Drittel des 20. Jahrhunderts 1. Teil von G. *Lehmann*. 128 Seiten. 1957. (845)
XI: Die Philosophie im ersten Drittel des 20. Jahrhunderts 2. Teil von *G. Lehmann*. 114 Seiten. 1960. (850)
Die geistige Situation der Zeit (1931) von *K. Jaspers*. 5., unveränderter Abdruck der im Sommer 1932 bearbeiteten 5. Auflage. 211 Seiten. 1960. (1000)
Erkenntnistheorie von *G. Kropp*.
I. Teil: Allgemeine Grundlegung. 143 Seiten. 1950. (807)
Formale Logik von *P. Lorenzen*. 165 Seiten. 1958. (1176/1176 a)
Philosophisches Wörterbuch von *M. Apel †*. 5., völlig neubearbeitete Auflage von *P. Ludz*. 315 Seiten. 1958. (1031/1031 a)
Philosophische Anthropologie. Menschliche Selbstdeutung in Geschichte und Gegenwart von *M. Landmann*. 266 Seiten. 1955. (156/156 a)

Pädagogik, Psychologie, Soziologie

Geschichte der Pädagogik von *Herm. Weimer*. 14., durchgesehene und vermehrte Auflage von *Heinz Weimer*. 178 Seiten. 1960. (145)
Therapeutische Psychologie. Ihr Weg durch die Psychoanalyse von *W. M. Kranefeldt*. Mit einer Einführung von *C. G. Jung*. 3. Auflage. 152 Seiten. 1956. (1034)

Allgemeine Psychologie von *Th. Erismann*. 3 Bände. 2., neubearbeitete Auflage.
I: Grundprobleme. 146 Seiten. 1958. (831)
II: Grundarten des physischen Geschehens. 248 Seiten. 1959. (832/832 a)
III: Psychologie der Persönlichkeit. In Vorbereitung (833)
Soziologie. Geschichte und Hauptprobleme von *L. von Wiese*. 6. Auflage. 175 Seiten. 1960. (101)
Sozialpsychologie von *P. R. Hofstätter*. 181 Seiten, 15 Abbildungen, 22 Tabellen. 1956. (104/104 a)
Psychologie des Berufs- und Wirtschaftslebens von *W. Moede †*. 190 Seiten, 48 Abbildungen. 1958. (851/851 a)
Industrie- und Betriebssoziologie von *R. Dahrendorf*. 120 Seiten. 1956. (103)

Religionswissenschaften

Jesus von *M. Dibelius †*. 3. Auflage, mit einem Nachtrag von *W. G. Kümmel*. 140 Seiten. 1960. (1130)
Paulus von *M. Dibelius †*. Nach dem Tode des Verfassers herausgegeben und zu Ende geführt von *W. G. Kümmel*. 2., durchgesehene Auflage. 155 Seiten. 1956. (1160)
Luther von *F. Lau*. 151 Seiten. 1959. (1187)
Melanchthon von *R. Stupperich*. 139 Seiten. 1960. (1190)
Geschichte Israels. Von den Anfängen bis zur Zerstörung des Tempels (70 n. Chr.) von *E. L. Ehrlich*. 158 Seiten, 1 Tafel. 1958. (231/231 a)
Römische Religionsgeschichte von *F. Altheim*. 2 Bände. 2., umgearbeitete Auflage.
I: Grundlagen und Grundbegriffe. 116 Seiten. 1956. (1035)
II: Der geschichtliche Ablauf. 164 Seiten. 1956. (1052)

Musik

Musikästhetik von *H. J. Moser*. 180 Seiten. Mit zahlreichen Notenbeispielen. 1953. (344)
Systematische Modulation von *R. Hernried*. 2. Auflage. 136 Seiten. Mit zahlreichen Notenbeispielen. 1950. (1094)
Der polyphone Satz von *E. Pepping*. 2 Bände.
I: Der cantus-firmus-Satz. 2. Auflage. 223 Seiten. Mit zahlreichen Notenbeispielen. 1950. (1148)
II: Übungen im doppelten Kontrapunkt und im Kanon. 137 Seiten. Mit zahlreichen Notenbeispielen. 1957. (1164/1164 a)
Allgemeine Musiklehre von *H. J. Moser*. 2., durchgesehene Auflage. 155 Seiten. Mit zahlreichen Notenbeispielen. 1955. (220/220 a)
Harmonielehre von *H. J. Moser*. 2 Bände.
I: 109 Seiten. Mit 120 Notenbeispielen. 1954. (809)
Die Musik des 19. Jahrhunderts von *W. Oehlmann*. 180 Seiten. 1953. (170)
Die Musik des 20. Jahrhunderts von *W. Oehlmann*. In Vorbereitung. (171/171 a)
Technik der deutschen Gesangskunst von *H. J. Moser*. 3., durchgesehene und verbesserte Auflage. 144 Seiten, 5 Figuren sowie Tabellen und Notenbeispiele. 1954. (576/576 a)

Die Kunst des Dirigierens von *H. W. von Waltershausen* †. 2., vermehrte Auflage. 138 Seiten. Mit 19 Notenbeispielen. 1954. (1147)

Die Technik des Klavierspiels aus dem Geiste des musikalischen Kunstwerkes von *K. Schubert* †. 3. Auflage. 110 Seiten. Mit Notenbeispielen. 1954. (1045)

Kunst

Stilkunde von *H. Weigert*. 2 Bände. 3., durchgesehene und ergänzte Auflage.
I: Vorzeit, Antike, Mittelalter. 136 Seiten, 94 Abbildungen. 1958. (80)
II: Spätmittelalter und Neuzeit. 150 Seiten, 88 Abbildungen. 1958. (781)

Archäologie von *A. Rumpf*. 2 Bände.
I: Einleitung, historischer Überblick. 143 Seiten, 6 Abbildungen, 12 Tafeln. 1953. (538)
II: Die Archäologensprache. Die antiken Reproduktionen. 136 Seiten, 7 Abbildungen, 12 Tafeln. 1956. (539)

Geschichte

Einführung in die Geschichtswissenschaft von *P. Kirn*. 3., durchgesehene Auflage. 128 Seiten. 1959. (270)

Zeitrechnung der römischen Kaiserzeit, des Mittelalters und der Neuzeit für die Jahre 1—2000 n. Chr. von *H. Lietzmann* †. 3. Auflage, durchgesehen von *K. Aland*. 130 Seiten. 1956. (1085)

Kultur der Urzeit von *F. Behn*. 3 Bände. 4. Auflage der Kultur der Urzeit Bd. 1—3 von *M. Hoernes*.
I: Die vormetallischen Kulturen. (Die Steinzeiten Europas. Gleichartige Kulturen in anderen Erdteilen.) 172 Seiten, 48 Abbildungen. 1950. (564)
II: Die älteren Metallkulturen. (Der Beginn der Metallbenutzung. Kupfer- und Bronzezeit in Europa, im Orient und in Amerika.) 160 Seiten, 67 Abbildungen 1950. (565)
III: Die jüngeren Metallkulturen. (Das Eisen als Kulturmetall, Hallstatt-Latène-Kultur in Europa. Das erste Auftreten des Eisens in den anderen Weltteilen.) 149 Seiten, 60 Abbildungen. 1950. (566)

Vorgeschichte Europas von *F. Behn*. Völlig neue Bearbeitung der 7. Auflage der „Urgeschichte der Menschheit" von *M. Hoernes*. 125 Seiten, 47 Abbildungen. 1949. (42)

Der Eintritt der Germanen in die Geschichte von *J. Haller* †. 3. Auflage, durchgesehen von *H. Dannenbauer*. 120 Seiten, 6 Kartenskizzen. 1957. (1117)

Von den Karolingern zu den Staufern. Die altdeutsche Kaiserzeit (900—1250) von *J. Haller* †. 4., durchgesehene Auflage von *H. Dannenbauer*. 142 Seiten, 4 Karten. 1958. (1065)

Von den Staufern zu den Habsburgern. Auflösung des Reichs und Emporkommen der Landesstaaten (1250—1519) von *J. Haller* †. 2., durchgesehene Auflage von *H. Dannenbauer*. 118 Seiten, 6 Kartenskizzen. 1960. (1077)

Deutsche Geschichte im Zeitalter der Reformation, der Gegenreformation und des dreißigjährigen Krieges von *F. Hartung*. 129 Seiten. 1951. (1105)

Deutsche Geschichte von 1648—1740. Politischer und geistiger Wiederaufbau von *W. Treue*. 120 Seiten. 1956. (35)

Deutsche Geschichte von 1713—1806 von *W. Treue*. 168 Seiten. 1957. (39)

Deutsche Geschichte von 1807—1890 von *W. Treue*. 1960. 125 Seiten. (893)

Deutsche Geschichte von 1890 bis zur Gegenwart von *W. Treue*. In Vorbereitung. (894)

Quellenkunde der Deutschen Geschichte im Mittelalter (bis zur Mitte des 15. Jahrhunderts) von *K. Jacob †*. 3 Bände.
I: Einleitung. Allgemeiner Teil. Die Zeit der Karolinger. 6. Auflage, bearbeitet von *H. Hohenleutner*. 127 Seiten. 1959. (279)
II: Die Kaiserzeit (911—1250). 5., neubearbeitete Auflage von *H. Hohenleutner*. 127 Seiten. 1960. (280)
III: Das Spätmittelalter (vom Interregnum bis 1500). Herausgegeben von *F. Weden*. 152 Seiten. 1952. (284)

Geschichte Englands von *H. Preller*. 2 Bände.
I: bis 1815. 3., stark umgearbeitete Auflage. 135 Seiten, 7 Stammtafeln, 2 Karten. 1952. (375)
II: Von 1815 bis 1910. 2., völlig umgearbeitete Auflage. 118 Seiten, 1 Stammtafel, 7 Karten. 1954. (1088)

Römische Geschichte von *F. Altheim*. 4 Bände. 2., verbesserte Auflage.
I: Bis zur Schlacht bei Pydna (168 v. Chr.). 124 Seiten. 1956. (19)
II: Bis zur Schlacht bei Actium (31 v. Chr.). 129 Seiten. 1956. (677)
III: Bis zur Schlacht an der Milvischen Brücke (312 n. Chr.). 148 Seiten. 1958. (679)
IV: Bis zur Schlacht am Yarmuk (636 n. Chr.). In Vorbereitung. (684)

Geschichte der Vereinigten Staaten von Amerika von *O. Graf zu Stolberg-Wernigerode*. 192 Seiten, 10 Karten. 1956. (1051/1051a)

Deutsche Sprache und Literatur

Geschichte der Deutschen Sprache von *H. Sperber*. 3. Auflage, besorgt von *W. Fleischhauer*. 128 Seiten. 1958. (915)

Deutsches Rechtschreibungswörterbuch von *M. Gottschald †*. 2., verbesserte Auflage. 219 Seiten. 1953. (200/200a)

Deutsche Wortkunde. Kulturgeschichte des deutschen Wortschatzes von *A. Schirmer*. 4. Auflage von *W. Mitzka*. 123 Seiten. 1960. (929)

Deutsche Sprachlehre von *W. Hofstaetter*. 10. Auflage. Völlige Umarbeitung der 8. Auflage. 150 Seiten. 1960. (20)

Stimmkunde für Beruf, Kunst und Heilzwecke von *H. Biehle*. 111 Seiten. 1955. (60)

Redetechnik. Einführung in die Rhetorik von *H. Biehle*. 115 Seiten. 1954. (61)

Sprechen und Sprachpflege (Die Kunst des Sprechens) von *H. Feist*. 2., verbesserte Auflage. 99 Seiten, 25 Abbildungen. 1952. (1122)

Deutsches Dichten und Denken von der germanischen bis zur staufischen Zeit von *H. Naumann †*. (Deutsche Literaturgeschichte vom 5.—13. Jahrhundert.) 2., verbesserte Auflage. 166 Seiten. 1952. (1121)

Deutsches Dichten und Denken vom Mittelalter zur Neuzeit von *G. Müller* (1270 bis 1700). 2., durchgesehene Auflage. 159 Seiten. 1949. (1086)

Deutsches Dichten und Denken von der Aufklärung bis zum Realismus (Deutsche Literaturgeschichte von 1700—1890) von *K. Viëtor †*. 3., durchgesehene Auflage. 159 Seiten. 1958. (1096)

Der Nibelunge Nôt in Auswahl mit kurzem Wörterbuch von *K. Langosch*. 10., durchgesehene Auflage. 164 Seiten. 1956. (1)
Kudrun und Dietrich-Epen in Auswahl mit Wörterbuch von *O. L. Jiriczek*. 6. Auflage, bearbeitet von *R. Wisniewski*. 173 Seiten. 1957. (10)
Wolfram von Eschenbach. Parzival. Eine Auswahl mit Anmerkungen und Wörterbuch von *H. Jantzen*. 2. Auflage, bearbeitet von *H. Kolb*. 128 Seiten. 1957. (921)
Hartmann von Aue. Der arme Heinrich nebst einer Auswahl aus der „Klage", dem „Gregorius" und den Liedern (mit einem Wörterverzeichnis) herausgegeben von *F. Maurer*. 96 Seiten. 1958. (18)
Gottfried von Strassburg in Auswahl herausgegeben von *F. Maurer*. 142 Seiten. 1959. (22)
Die deutschen Personennamen von *M. Gottschald †*. 2., verbesserte Auflage. 151 Seiten. 1955. (422)
Althochdeutsches Elementarbuch. Grammatik und Texte von *H. Naumann †* und *W. Betz*. 2., verbesserte und vermehrte Auflage. 156 Seiten. 1954. (1111)
Mittelhochdeutsche Grammatik von *H. de Boor* und *R. Wisniewski*. 2., verbesserte und ergänzte Auflage. 142 Seiten. 1960. (1108)

Indogermanisch, Germanisch

Indogermanische Sprachwissenschaft von *H. Krahe*. 2 Bände. 3., neubearbeitete Auflage.
I: Einleitung und Lautlehre. 106 Seiten. 1958. (59)
II: Formenlehre. 124 Seiten. 1959. (64)
Gotisches Elementarbuch. Grammatik, Texte mit Übersetzung und Erläuterungen. Mit einer Einleitung von *H. Hempel*. 2., umgearbeitete Auflage. 165 Seiten. 1953. (79)
Germanische Sprachwissenschaft von *H. Krahe*. 2 Bände.
I: Einleitung und Lautlehre. 4., überarbeitete Auflage. 147 Seiten. 1960. (238)
II: Formenlehre. 3., neubearbeitete Auflage. 149 Seiten. 1957. (780)
Altnordisches Elementarbuch. Schrift, Sprache, Texte mit Übersetzung und Wörterbuch von *F. Ranke*. 2., durchgesehene Auflage. 146 Seiten. 1949. (1115)

Englisch, Romanisch

Altenglisches Elementarbuch von *M. Lehnert*. Einführung, Grammatik, Texte mit Übersetzung und Wörterbuch. 4., verbesserte Auflage. 178 Seiten. 1959. (1125)
Historische neuenglische Laut- und Formenlehre von *E. Ekwall*. 3., durchgesehene Auflage. 150 Seiten. 1956. (735)
Englische Phonetik von *H. Mutschmann †*. 117 Seiten. 1956. (601)
Englische Literaturgeschichte von *F. Schubel*. 4 Bände.
I: Die alt- und mittelenglische Periode. 163 Seiten. 1954. (1114)
II: Von der Renaissance bis zur Aufklärung. 160 Seiten. 1956. (1116)
III: Romantik und Viktorianismus. 160 Seiten. 1960. (1124)
Beowulf von *M. Lehnert*. Eine Auswahl mit Einführung, teilweiser Übersetzung, Anmerkungen und etymologischem Wörterbuch. 3., verbesserte Auflage. 135 Seiten. 1959. (1135)

Shakespeare von *P. Meißner †*. 2. Auflage, neubearbeitet von *M. Lehnert*. 136 Seiten. 1954. (1142)
Italienische Literaturgeschichte von *K. Voßler †*. 5. Auflage, neubearbeitet von *A. Noyer-Weidner*. In Vorbereitung. (125)
Geschichte der römischen Literatur von *L. Bieler*. 2 Bände.
I: Die Literatur der Republik. 152 Seiten. 1960. (52)
II: Die Literatur der Kaiserzeit. 125 Seiten. 1960. (866)
Romanische Sprachwissenschaft von *H. Lausberg*. 2 Bände.
I: Einleitung und Vokalismus. 160 Seiten. 1956. (128/128a)
II: Konsonantismus. 95 Seiten. 1956. (250)

Griechisch, Lateinisch

Griechische Sprachwissenschaft von *W. Brandenstein*. 2 Bände.
I: Einleitung, Lautsystem, Etymologie. 160 Seiten. 1954. (117)
II: Wortbildung und Formenlehre. 192 Seiten. 1959. (118/118a)
Geschichte der griechischen Sprache. 2 Bände.
I: Bis zum Ausgang der klassischen Zeit von *O. Hoffmann †*. 3. Auflage, bearbeitet von *A. Debrunner †*. 156 Seiten. 1953. (111)
II: Grundfragen und Grundzüge des nachklassischen Griechisch von *A. Debrunner †*. 144 Seiten. 1954. (114)
Grammatik der neugriechischen Volkssprache von *J. Kalitsunakis*. 3., völlig neubearbeitete und erweiterte Auflage. 1961. In Vorbereitung. (756/756a)
Neugriechisch-deutsches Gesprächsbuch von *J. Kalitsunakis*. 2. Auflage, bearbeitet von *A. Steinmetz*. 99 Seiten. 1960. (587)
Geschichte der lateinischen Sprache von *F. Stolz †*. 3., stark umgearbeitete Auflage von *A. Debrunner †*. 136 Seiten. 1953. (492)

Hebräisch, Sanskrit, Russisch

Hebräische Grammatik von *G. Beer †*. 2 Bände. 2., völlig neubearbeitete Auflage von *R. Meyer*.
I: Schrift-, Laut- und Formenlehre I. 157 Seiten. 1952. (763/763a)
II: Formenlehre II. Syntax und Flexionstabellen. 195 Seiten. 1955. (764/764a)
Hebräisches Textbuch zu *G. Beer-R. Meyer*, Hebräische Grammatik von *R. Meyer*. 170 Seiten. 1960. (769/769a)
Sanskrit-Grammatik von *M. Mayrhofer*. 89 Seiten. 1953. (1158)
Russische Grammatik von *E. Berneker †*. 6., unveränderte Auflage von *M. Vasmer*. 155 Seiten. 1947. (66)
Einführung in die slavische Sprachwissenschaft von *H. Bräuer*. 2 Bände.
I: Einleitung und Lautlehre. 1960 In Vorbereitung (1191)

Erd- und Länderkunde

Afrika von *F. Jaeger*. Ein geographischer Überblick. 2 Bände. 2., umgearbeitete Auflage.
I: Der Lebensraum. 179 Seiten, 18 Abbildungen. 1954. (910)
II: Mensch und Kultur. 155 Seiten, 6 Abbildungen. 1954. (911)
Australien und Ozeanien von *H. J. Krug*. 176 Seiten, 46 Skizzen. 1953. (319)

Volkswirtschaft, Statistik, Publizistik

Allgemeine Betriebswirtschaftslehre von *K. Mellerowicz*. 4 Bände. 10., erweiterte und veränderte Auflage.
I: 224 Seiten. 1958. (1008/1008a) II: 188 Seiten. 1959. (1153/1153a)
III: 260 Seiten. 1959. (1154/1154a) IV: 209 Seiten. 1959. (1186/1186a)
Diese 4 Bände sind auch in Ganzleinen gebunden zum Preise von je DM 6,30 lieferbar.

Allgemeine Volkswirtschaftslehre von *A. Paulsen*. 4 Bände.
I: Grundlegung, Wirtschaftskreislauf. 3., durchgesehene und ergänzte Auflage. 148 Seiten. 1959. (1169)
II: Haushalte, Unternehmungen, Marktformen. 3., neubearbeitete Auflage. 166 Seiten, 32 Abbildungen. 1960. (1170)
III: Produktionsfaktoren. 190 Seiten. 1959. (1171)
IV: Gesamtbeschäftigung, Konjunkturen, Wachstum. 172 Seiten. 1960. (1172)

Finanzwissenschaft von *H. Kolms*. 4 Bände.
I: Grundlegung, Öffentliche Ausgaben. 160 Seiten. 1959. (148)
II: Erwerbseinkünfte, Gebühren und Beiträge; Allgemeine Steuerlehre. 148 Seiten. 1960. (391)
III: Besondere Steuerlehre. In Vorbereitung. (776)
IV: Öffentlicher Kredit. Haushaltswesen. Finanzausgleich. In Vorbereitung. (782)

Finanzmathematik von *M. Nicolas*. 192 Seiten, 11 Tafeln, 8 Tabellen und 72 Beispiele. 1959. (1183/1183a)

Industrie- und Betriebssoziologie von *R. Dahrendorf*. 120 Seiten. 1956. (103)

Wirtschaftssoziologie von *F. Fürstenberg*. 1960. In Vorbereitung (1193)

Psychologie des Berufs- und Wirtschaftslebens von *W. Moede †*. 190 Seiten, 48 Abbildungen. 1958. (851/851a)

Allgemeine Methodenlehre der Statistik von *J. Pfanzagl*. 2 Bände.
I: Elementare Methoden unter besonderer Berücksichtigung der Anwendungen in den Wirtschafts- und Sozialwissenschaften. 205 Seiten, 35 Abbildungen. 1960. (746/746a)
II: Höhere Methoden unter besonderer Berücksichtigung der Anwendungen in Naturwissenschaft, Medizin und Technik. In Vorbereitung. (747/747a)

Zeitungslehre von *E. Dovifat*. 2 Bände. 3., neubearbeitete Auflage.
I: Theoretische und rechtliche Grundlagen — Nachricht und Meinung — Sprache und Form. 148 Seiten. 1955. (1039)
II: Redaktion — Die Sparten: Verlag und Vertrieb, Wirtschaft und Technik, Sicherung der öffentlichen Aufgabe. 158 Seiten. 1955. (1040)

Naturwissenschaften

Mathematik

Geschichte der Mathematik von *J. E. Hofmann*. 3 Bände.
I: Von den Anfängen bis zum Auftreten von Fermat und Descartes. 200 Seiten. 1953. (226)
II: Von Fermat und Descartes bis zur Erfindung des Calculus und bis zum Ausbau der neuen Methoden. 109 Seiten. 1957. (875)
III: Von den Auseinandersetzungen um den Calculus bis zur französischen Revolution. 107 Seiten. 1957. (882)

NATURWISSENSCHAFTEN

Mathematische Formelsammlung von *F. O. Ringleb.* 7., erweiterte Auflage. 320 Seiten, 40 Figuren. 1960. (51/51a)

Vierstellige Tafeln und Gegentafeln für logarithmisches und trigonometrisches Rechnen in zwei Farben zusammengestellt von *H. Schubert* und *R. Haussner.* 2. Auflage. 156 Seiten. 1960. (81)

Fünfstellige Logarithmen von *A. Adler.* Mit mehreren graphischen Rechentafeln und häufig vorkommenden Zahlenwerten. 3. Auflage. 127 Seiten, 1 Tafel. 1959. (423)

Arithmetik von *P. B. Fischer †.* 3. Auflage von *H. Rohrbach.* 152 Seiten, 19 Abbildungen. 1958. (47)

Höhere Algebra von *H. Hasse.* 2 Bände. 4., durchgesehene Auflage.
I: Lineare Gleichungen. 152 Seiten. 1957. (931)
II: Gleichungen höheren Grades. 158 Seiten, 5 Figuren. 1958. (932)

Aufgabensammlung zur höheren Algebra von *H. Hasse* und *W. Klobe.* 2., verbesserte und vermehrte Auflage. 181 Seiten. 1952. (1082)

Elementare und klassische Algebra vom modernen Standpunkt von *W. Krull.* 2 Bände.
I: 2., erweiterte Auflage. 136 Seiten. 1952. (930)
II: 132 Seiten. 1959. (933)

Einführung in die Zahlentheorie von *A. Scholz †.* Überarbeitet und herausgegeben von *B. Schoeneberg.* 2. Auflage. 128 Seiten. 1955. (1131)

Formale Logik von *P. Lorenzen.* 165 Seiten. 1958. (1176/1176a)

Topologie von *W. Franz.* 2 Bände.
I: Allgemeine (analytische) Topologie. 144 Seiten, '9 Figuren. 1960. (1181)

Elemente der Funktionentheorie von *K. Knopp †.* 5. Auflage. 144 Seiten, 23 Fig. 1959. (1109)

Funktionentheorie von *K. Knopp †.* 2 Bände.
I: Grundlagen der allgemeinen Theorie der analytischen Funktionen. 9., neubearbeitete Auflage. 144 Seiten, 8 Figuren. 1957. (668)
II: Anwendungen und Weiterführung der allgemeinen Theorie. 8./9. Auflage. 130 Seiten, 7 Figuren. 1955. (703)

Aufgabensammlung zur Funktionentheorie von *K. Knopp †.* 2 Bände. 5.Auflage.
I: Aufgaben zur elementaren Funktionentheorie. 135 Seiten. 1957. (877)
II: Aufgaben zur höheren Funktionentheorie. 144 Seiten. 1959. (878)

Differential- und Integralrechnung von *M. Barner.* (Früher *Witting*). 4 Bände.
I: Grenzwertbegriff, Differentialrechnung. 1960 In Vorbereitung. (86)

Gewöhnliche Differentialgleichungen von *G. Hoheisel.* 6., neubearbeitete und erweiterte Auflage. 128 Seiten. 1960. (920)

Partielle Differentialgleichungen von *G. Hoheisel.* 4., durchgesehene Auflage. 128 Seiten. 1960. (1003)

Aufgabensammlung zu den gewöhnlichen und partiellen Differentialgleichungen von *G. Hoheisel.* 3., durchgesehene und verbesserte Auflage. 124 Seiten. 1958. (1059)

Integralgleichungen von *G. Hoheisel.* 2., durchgesehene Auflage. 1961. In Vorbereitung. (1099)

Mengenlehre von *E. Kamke.* 3., neubearbeitete Auflage. 194 Seiten, 6 Figuren. 1955. (999/999a)

Gruppentheorie von *L. Baumgartner.* 3., neubearbeitete Auflage. 110 Seiten, 3 Tafeln. 1958. (837)

Ebene und sphärische Trigonometrie von *G. Hessenberg* †. 5. Auflage, durchgesehen von *H. Kneser*. 172 Seiten, 60 Figuren. 1957. (99)

Darstellende Geometrie von *W. Haack*. 3 Bände.

I: Die wichtigsten Darstellungsmethoden. Grund- und Aufriß ebenflächiger Körper. 3., durchgesehene und ergänzte Auflage. 113 Seiten, 120 Abbildungen. 1960. (142)

II: Körper mit krummen Begrenzungsflächen. Kotierte Projektionen. 2., durchgesehene und ergänzte Auflage. 129 Seiten, 86 Abbildungen. 1959. (143)

III: Axonometrie und Perspektive. 127 Seiten, 100 Abbildungen. 1957. (144)

Analytische Geometrie von *K. P. Grotemeyer*. 202 Seiten, 73 Abbildungen. 1958. (65/65 a)

Nichteuklidische Geometrie. Hyperbolische Geometrie der Ebene von *R. Baldus* †. Durchgesehen und herausgegeben von *F. Löbell*. 3., verbesserte Auflage. 140 Seiten, 70 Figuren. 1953. (970)

Differentialgeometrie von *K. Strubecker* (früher *Rothe*). 3 Bände.

I: Kurventheorie der Ebene und des Raumes. 150 Seiten, 18 Figuren. 1955. (1113/1113 a)

II: Theorie der Flächenmetrik. 195 Seiten, 14 Figuren. 1958. (1179/1179 a)

III: Theorie der Flächenkrümmung. 254 Seiten, 38 Figuren. 1959. (1180/1180 a)

Variationsrechnung I von *L. Koschmieder*. 2., verbesserte Auflage. Mit 23 Figuren. 1960. In Vorbereitung. (1074)

Einführung in die konforme Abbildung von *L. Bieberbach*. 5., erweiterte Auflage. 180 Seiten, 42 Figuren. 1956. (768/768 a)

Vektoren und Matrizen von *S. Valentiner*. 2. Auflage. (9., erweiterte Auflage der „Vektoranalysis"). Mit Anhang: Aufgaben zur Vektorrechnung von *H. König*. 202 Seiten, 35 Figuren. 1960. (354/354 a)

Versicherungsmathematik von *F. Böhm*. 2 Bände.

I: Elemente der Versicherungsrechnung. 3., vermehrte und verbesserte Auflage. Durchgesehener Neudruck. 151 Seiten. 1953. (180)

II: Lebensversicherungsmathematik. Einführung in die technischen Grundlagen der Sozialversicherung. 2., verbesserte und vermehrte Auflage. 205 Seiten. 1953. (917/917 a)

Finanzmathematik von *M. Nicolas*. 192 Seiten, 11 Tafeln, 8 Tabellen und 72 Beispiele. 1959. (1183/1183 a)

Physik

Einführung in die theoretische Physik von *W. Döring*. 5 Bände.

I: Mechanik. 2., verbesserte Auflage. 123 Seiten, 25 Abbildungen. 1960. (76)

II: Das elektromagnetische Feld. 122 Seiten, 15 Abbildungen. 1955. (77)

III: Optik. 117 Seiten, 32 Abbildungen. 1956. (78)

IV: Thermodynamik. 107 Seiten, 9 Abbildungen. 1956. (374)

V: Statistische Mechanik. 114 Seiten, 12 Abbildungen. 1957. (1017)

Mechanik deformierbarer Körper von *M. Päsler*. 199 Seiten, 48 Abbildungen. 1960. (1189/1189 a)

Atomphysik von *K. Bechert* und *Ch. Gerthsen* †. 7 Bände.

I: Allgemeine Grundlagen. 1. Teil. 4., durchgesehene Auflage von *A. Flammersfeld*. 124 Seiten, 35 Abbildungen. 1959. (1009)

II: Allgemeine Grundlagen. 2. Teil. 4. Auflage. 1961. In Vorber. (1033)

III: Theorie des Atombaus. 1. Teil. 3., umgearbeitete Auflage. 148 Seiten, 16 Abbildungen. 1954. (1123/1123 a)
IV: Theorie des Atombaus. 2. Teil. 3., umgearbeitete Auflage. 170 Seiten, 14 Abbildungen. 1954. (1165/1165 a)

Differentialgleichungen der Physik von *F. Sauter*. 3., durchgesehene und ergänzte Auflage. 148 Seiten, 16 Figuren. 1958. (1070)

Physikalische Formelsammlung von *G.* u. *K. Mahler*. 11. Auflage, neubearbeitet von *H. Graewe*. 69 Figuren. 1960. In Vorbereitung (136)

Physikalische Aufgabensammlung von *G. Mahler †*. Neubearbeitet von *K. Mahler*. Mit den Ergebnissen. 10., durchgesehene Auflage. 127 Seiten. 1959. (243)

Chemie

Geschchte der Chemie in kurzgefaßter Darstellung von *G. Lockemann*. 2 Bände.
I: Vom Altertum bis zur Entdeckung des Sauerstoffs. 142 Seiten, 8 Bildnisse. 1950. (264)
II: Von der Entdeckung des Sauerstoffs bis zur Gegenwart. 151 Seiten, 16 Bildnisse. 1955. (265/265 a)

Anorganische Chemie von *W. Klemm*. 11. Auflage. 185 Seiten, 18 Abbildungen. 1960. (37)

Organische Chemie von *W. Schlenk*. 8., erweiterte Auflage. 272 Seiten, 16 Abbildungen. 1960. (38/38 a)

Physikalische Methoden der Organischen Chemie von *G. Kresze*. 1961. In Vorbereitung. (44)

Allgemeine und physikalische Chemie von *W. Schulze*. 2 Bände.
I: 5., durchgesehene Auflage. 139 Seiten, 10 Figuren. 1960. (71)
II: 4., neubearbeitete Auflage. 176 Seiten, 37 Figuren. 1956. (698/698 a)

Molekülbau. Theoretische Grundlagen und Methoden der Strukturermittlung von *W. Schulze*. 123 Seiten, 43 Figuren. 1958. (786)

Physikalisch-chemische Rechenaufgaben von *E. Asmus*. 3., verbesserte Auflage. 96 Seiten. 1958. (445)

Maßanalyse. Theorie und Praxis der klassischen und der elektrochemischen Titrierverfahren von *G. Jander* und *K. F. Jahr*. 8., durchgesehene und ergänzte Auflage. 313 Seiten, 49 Figuren. 1959. (221/221 a)

Qualitative Analyse von *H. Hofmann* u. *G. Jander*. 308 Seiten, 5 Abbildungen. 1960. (247/247 a)

Thermochemie von *W. A. Roth †*. 2., verbesserte Auflage. 109 Seiten, 16 Figuren. 1952. (1057)

Stöchiometrische Aufgabensammlung von *W. Bahrdt †* und *R. Scheer*. Mit den Ergebnissen. 7., durchgesehene Auflage. 119 Seiten. 1960. (452)

Elektrochemie und ihre physikalisch-chemischen Grundlagen von *A. Dassler*. 2 Bände.
II: 178 Seiten, 17 Abbildungen. 1950. (253)

Technologie

Die Chemie der Kunststoffe von *K. Hamann*, unter Mitarbeit von *W. Funke* und *H. D. Hermann*. 143 Seiten. 1960. (1173)

Warenkunde von *K. Hassak* und *E. Beutel †*. 2 Bände.
I: Anorganische Waren sowie Kohle und Erdöl. 8. Auflage. Neubearbeitet von *A. Kutzelnigg*. 119 Seiten, 18 Figuren. 1958. (222)

II: Organische Waren. 8. Auflage. Vollständig neubearbeitet von *A. Kutzelnigg*. 157 Seiten, 32 Figuren. 1959. (223)

Die Fette und Öle von *K. Braun †*. 5., völlig neubearbeitete und verbesserte Auflage von *Th. Klug*. 145 Seiten. 1950. (335)

Die Seifenfabrikation von *K. Braun †*. 3., neubearbeitete und verbesserte Auflage von *Th. Klug*. 116 Seiten, 18 Abbildungen. 1953. (336)

Textilindustrie von *A. Blümcke*.
I: Spinnerei und Zwirnerei. 111 Seiten, 43 Abbildungen. 1954. (184)

Biologie

Einführung in die allgemeine Biologie und ihre philosophischen Grund- und Grenzfragen von *M. Hartmann*. 132 Seiten, 2 Abbildungen. 1956. (96)

Hormone von *G. Koller*. 2., neubearbeitete und erweiterte Auflage. 187 Seiten, 60 Abbildungen, 19 Tabellen. 1949. (1141)

Fortpflanzung im Tier- und Pflanzenreich von *J. Hämmerling*. 2., ergänzte Auflage. 135 Seiten, 101 Abbildungen. 1951. (1138)

Geschlecht und Geschlechtsbestimmung im Tier- und Pflanzenreich von *M. Hartmann*. 2., verbesserte Auflage. 116 Seiten, 61 Abbildungen, 7 Tabellen. 1951. (1127)

Symbiose der Tiere mit pflanzlichen Mikroorganismen von *P. Buchner*. 2., verbesserte und vermehrte Auflage. 130 Seiten, 121 Abbildungen. 1949. (1128)

Grundriß der Allgemeinen Mikrobiologie von *W.* u. *A. Schwartz*. 2 Bände. 2., verbesserte und ergänzte Auflage.
I: 147 Seiten, 25 Abbildungen. 1960. (1155)
II: 1960. In Vorbereitung. (1157)

Botanik

Entwicklungsgeschichte des Pflanzenreiches von *H. Heil*. 2. Auflage. 138 Seiten, 94 Abbildungen, 1 Tabelle. 1950. (1137)

Morphologie der Pflanzen von *L. Geitler*. 3., umgearbeitete Auflage. 126 Seiten, 114 Abbildungen. 1953. (141)

Pflanzengeographie von *L. Diels †*. 5., völlig neubearbeitete Auflage von *F. Mattick*. 195 Seiten, 2 Karten. 1958. (389/389a)

Die Laubhölzer. Kurzgefaßte Beschreibung der in Mitteleuropa gedeihenden Laubbäume und Sträucher von *F. W. Neger †* und *E. Münch †*. 3., durchgesehene Auflage, herausgegeben von *B. Huber*. 143 Seiten, 63 Figuren, 7 Tabellen. 1950. (718)

Die Nadelhölzer (Koniferen) und übrigen Gymnospermen von *F. W. Neger †* und *E. Münch †*. 4. Auflage, durchgesehen und ergänzt von *B. Huber*. 140 Seiten, 75 Figuren, 4 Tabellen, 3 Karten. 1952. (355)

Pflanzenzüchtung von *H. Kuckuck*. 2 Bände.
I: Grundzüge der Pflanzenzüchtung. 3., völlig umgearbeitete und erweiterte Auflage. 132 Seiten, 22 Abbildungen. 1952. (1134)
II: Spezielle gartenbauliche Pflanzenzüchtung (Züchtung von Gemüse, Obst und Blumen). 178 Seiten, 27 Abbildungen. 1957. (1178/1178a)

Zoologie

Entwicklungsphysiologie der Tiere von *F. Seidel.* 2 Bände.
I: Ei und Furchung. 126 Seiten, 29 Abbildungen. 1953. (1162)
II: Körpergrundgestalt und Organbildung. 159 Seiten, 42 Abbildungen 1953. (1163)

Das Tierreich
I: Einzeller, Protozoen von *E. Reichenow.* 115 Seiten, 59 Abbildungen. 1956. (444)
II: Schwämme und Hohltiere von *H. J. Hannemann.* 95 Seiten, 80 Abbildungen. 1956. (442)
III: Würmer. Platt-, Hohl-, Schnurwürmer, Kamptozoen, Ringelwürmer, Protracheaten, Bärtierchen, Zungenwürmer von *S. Jaeckel.* 114 Seiten, 36 Abbildungen. 1955. (439)
IV, 1: Krebse von *H. E. Gruner* und *K. Deckert.* 114 Seiten, 43 Abbildungen. 1956. (443)
IV, 2: Spinnentiere (Trilobitomorphen, Fühlerlose) und Tausendfüßler von *A. Kaestner.* 96 Seiten, 55 Abbildungen. 1955. (1161)
IV, 3: Insekten von *H. von Lengerken.* 128 Seiten, 58 Abbildungen. 1953. (594)
V: Weichtiere. Urmollusken, Schnecken, Muscheln und Kopffüßer von *S. Jaeckel.* 92 Seiten, 34 Abbildungen. 1954. (440)
VI: Stachelhäuter. Tentakulaten, Binnenatmer und Pfeilwürmer von *S. Jaeckel.* 100 Seiten, 46 Abbildungen. 1955. (441)
VII, 2: Fische von *D. Lüdemann.* 130 Seiten, 65 Abbildungen. 1955. (356)
VII, 3: Lurche (Chordatiere) von *K. Herter.* 143 Seiten, 129 Abbildungen. 1955. (847)
VII, 4: Kriechtiere (Chordatiere) von *K. Herter.* 200 Seiten, 142 Abbildungen. 1960. (447/447a)
VII, 5: Vögel (Chordatiere) von *H.-A. Freye.* 156 Seiten, 69 Abbildungen. 1960. (869)
VII, 6: Säugetiere (Chordatiere) von *Th. Haltenorth.* In Vorbereitung. (282)

Land- und Forstwirtschaft

Landwirtschaftliche Tierzucht. Die Züchtung und Haltung der landwirtschaftlichen Nutztiere von *H. Vogel.* 139 Seiten, 11 Abbildungen. 1952. (228)

Kulturtechnische Bodenverbesserungen von *O. Fauser.* 2 Bände.
I: Allgemeines, Entwässerung. 5., verbesserte und vermehrte Auflage. 127 Seiten, 49 Abbildungen. 1959. (691)
II: Bewässerung, Ödlandkultur, Umlegung. 5., verbesserte und vermehrte Auflage. 1960. In Vorbereitung. (692)

Agrikulturchemie von *K. Scharrer.* 2 Bände.
I: Pflanzenernährung. 143 Seiten. 1953. (329)
II: Futtermittelkunde. 192 Seiten. 1956. (330/330a)

Geologie, Mineralogie, Kristallographie

Mineral- und Erzlagerstättenkunde von *H. Huttenlocher †.* 2 Bände.
I: 128 Seiten, 34 Abbildungen. 1954. (1014)
II: 156 Seiten, 48 Abbildungen. 1954. (1015/1015a)

Allgemeine Mineralogie. 10., erweiterte Auflage der „Mineralogie" von *R. Brauns †*, bearbeitet von *K. F. Chudoba*. 120 Seiten, 120 Figuren, 1 Tafel, 3 Tabellen. 1958. (29)

Spezielle Mineralogie. 10., erweiterte Auflage der „Mineralogie" von *R. Brauns †*, bearbeitet von *K. F. Chudoba*. 170 Seiten, 125 Figuren, 4 Tabellen. 1959. (31/31 a)

Petrographie (Gesteinskunde) von *W. Bruhns †*. Neubearbeitet von *P. Ramdohr*. 5., erweiterte Auflage. 141 Seiten, 10 Figuren. 1960. (173)

Kristallographie von *W. Bruhns †*. 5. Auflage, neubearbeitet von *P. Ramdohr*. 109 Seiten, 164 Abbildungen. 1958. (210)

Einführung in die Kristalloptik von *E. Buchwald*. 4., verbesserte Auflage. 138 Seiten, 121 Figuren. 1952. (619)

Lötrohrprobierkunde. Mineraldiagnose mit Lötrohr- und Tüpfelreaktion. Von *M. Henglein*. 3., verbesserte Auflage. 91 Seiten, 11 Figuren. 1949. (483)

Technik

Graphische Darstellung in Wissenschaft und Technik von *M. Pirani*. 3., erweiterte Auflage bearbeitet von *J. Fischer* unter Benutzung der von *I. Runge* besorgten 2. Auflage. 216 Seiten, 104 Abbildungen. 1957. (728/728 a)

Technische Tabellen und Formeln von *W. Müller*. 4., verbesserte und erweiterte Auflage von *E. Schulze*. 152 Seiten, 105 Figuren. 1951. (579)

Elektrotechnik

Grundlagen der allgemeinen Elektrotechnik von *O. Mohr*. 3 Bände.
I: Die drei Feldformen. 2. Auflage. In Vorbereitung. (196)
II: Die wichtigsten elektrischen und physikalischen Grunderscheinungen. 95 Seiten, 36 Abbildungen, 7 Tafeln. 1956. (197)
III: Schaltvorgänge, Widerstandsformen, Meßtechnik. 91 Seiten, 59 Abbildungen, 1 Tafel. 1956. (198)

Die Gleichstrommaschine von *K. Humburg*. 2 Bände. 2., durchgesehene Auflage.
I: 102 Seiten, 59 Abbildungen. 1956. (257)
II: 101 Seiten, 38 Abbildungen. 1956. (881)

Die synchrone Maschine von *K. Humburg*. Neudruck. 109 Seiten, 78 Abbildungen. 1951. (1146)

Induktionsmaschinen von *F. Unger*. 2., erweiterte Auflage. 142 Seiten, 49 Abbildungen. 1954. (1140)

Die komplexe Berechnung von Wechselstromschaltungen von *H. H. Meinke*. 2. Auflage. 180 Seiten, 120 Abbildungen. 1957. (1156/1156 a)

Theoretische Grundlagen zur Berechnung der Schaltgeräte von *F. Kesselring*. 3. Auflage. 144 Seiten, 92 Abbildungen. 1950. (711)

Einführung in die Technik selbsttätiger Regelungen von *W. zur Megede*. 176 Seiten, 86 Abbildungen. 1956. (714/714 a)

Elektromotorische Antriebe (Grundlagen für die Berechnung) von *A. Schwaiger*. 3., neubearbeitete Auflage. 96 Seiten, 34 Abbildungen. 1952. (827)

Überspannungen und Überspannungsschutz von *G. Frühauf*. Durchgesehener Neudruck. 122 Seiten, 98 Abbildungen. 1950. (1132)

Maschinenbau

Metallkunde von *H. Borchers*. 2 Bände.
I: Aufbau der Metalle und Legierungen. 4. Auflage. 120 Seiten, 90 Abbildungen, 2 Tabellen. 1959. (432)
II: Eigenschaften, Grundzüge der Form- und Zustandsgebung. 3. und 4. Auflage. 179 Seiten, 107 Abbildungen, 10 Tabellen. 1959. (433/433a)

Die Werkstoffe des Maschinenbaues von *A. Thum †* und *C. M. v. Meysenbug*. 2 Bände.
I: Einführung in die Werkstoffprüfung. 2., neubearbeitete Auflage. 100 Seiten, 7 Tabellen, 56 Abbildungen. 1956. (476)
II: Die Konstruktionswerkstoffe. 132 Seiten, 40 Abbildungen. 1959. (936)

Dynamik von *W. Müller*. 2 Bände. 2., verbesserte Auflage.
I: Dynamik des Einzelkörpers. 128 Seiten, 48 Figuren. 1952. (902)
II: Systeme von starren Körpern. 102 Seiten, 41 Figuren. 1952. (903)

Technische Schwingungslehre von *L. Zipperer*. 2 Bände. 2., neubearbeitete Auflage.
I: Allgemeine Schwingungsgleichungen, einfache Schwinger. 120 Seiten, 101 Abbildungen. 1953. (953)
II: Torsionsschwingungen in Maschinenanlagen. 102 Seiten, 59 Abbildungen. 1955. (961/961a)

Werkzeugmaschinen für Metallbearbeitung von *K. P. Matthes*. 2 Bände.
I: 100 Seiten, 27 Abbildungen, 11 Zahlentafeln, 1 Tafelanhang. 1954. (561)
II: Fertigungstechnische Grundlagen der neuzeitlichen Metallbearbeitung. 101 Seiten, 30 Abbildungen, 5 Tafeln. 1955. (562)

Transformatoren von *W. Schäfer*. 3., überarbeitete und ergänzte Auflage. 130 Seiten, 73 Abbildungen. 1957. (952)

Das Maschinenzeichnen mit Einführung in das Konstruieren von *W. Tochtermann*. 2 Bände. 4. Auflage.
I: Das Maschinenzeichnen. 156 Seiten, 75 Tafeln. 1950. (589)
II: Ausgeführte Konstruktionsbeispiele. 130 Seiten, 58 Tafeln. 1950. (590)

Die Maschinenelemente von *E. A. vom Ende*. 3., verbesserte Auflage. 166 Seiten, 175 Figuren, 9 Tafeln. 1956. (3/3a)

Die Maschinen der Eisenhüttenwerke von *L. Engel*. 156 Seiten, 95 Abbildungen. 1957. (583/583a)

Walzwerke von *H. Sedlaczek †* unter Mitarbeit von *F. Fischer* und *M. Buch*. 232 Seiten, 157 Abbildungen. 1958. (580/580a)

Getriebelehre von *P. Grodzinski †*. 2 Bände.
I: Geometrische Grundlagen. 3. Auflage, durchgesehen von *G. Lechner*. 164 Seiten, 132 Figuren. 1960. (1061)

Gießereitechnik von *H. Jungbluth.* 2 Bände.
I: Eisengießerei. 126 Seiten, 44 Abbildungen. 1951. (1159)

Die Dampfkessel und Feuerungen einschließlich Hilfseinrichtungen in Theorie, Konstruktion und Berechnung von *W. Marcard †.* 2 Bände. 2. Auflage, neubearbeitet von *K. Beck.*
I: Die theoretischen Grundlagen, Wärme, Verbrennung, Wärmeübertragung. 150 Seiten, 42 Abbildungen, 16 Tabellen. 1951. (9)
II: Dampfkessel. 147 Seiten, 43 Abbildungen. 1952. (521)

Die Dampfturbinen. Ihre Wirkungsweise, Berechnung und Konstruktion von *C. Zietemann.* 3 Bände. 3., verbesserte Auflage.
I: Theorie der Dampfturbinen. 139 Seiten, 48 Abbildungen. 1955. (274)
II: Die Berechnung der Dampfturbinen und die Konstruktion der Einzelteile. 132 Seiten, 111 Abbildungen. 1956. (715)
III: Die Regelung der Dampfturbinen, die Bauarten, Turbinen für Sonderzwecke, Kondensationsanlagen. 126 Seiten, 90 Abbildungen. 1956. (716)

Verbrennungsmotoren von *W. Endres.* 3 Bände.
I: Überblick. Motor-Brennstoffe. Verbrennung im Motor allgemein, im Otto- und Diesel-Motor. 153 Seiten, 57 Abbildungen. 1958. (1076/1076a)
II: Die heutigen Typen der Verbrennungskraftmaschine. In Vorbereitung. (1184)
III: Die Einzelteile des Verbrennungsmotors. In Vorbereitung. (1185)

Autogenes Schweißen und Schneiden von *H. Niese.* 5. Auflage, neubearbeitet von *A. Küchler.* 136 Seiten, 71 Figuren. 1953. (499)

Die elektrischen Schweißverfahren von *H. Niese.* 2. Auflage, neubearbeitet von *H. Dienst.* 136 Seiten, 58 Abbildungen. 1955. (1020)

Die Hebezeuge. Entwurf von Winden und Kranen von *G. Tafel.* 2., verbesserte Auflage. 176 Seiten, 230 Figuren. 1954. (414/414a)

Wasserbau

Wasserkraftanlagen von *A. Ludin* unter Mitarbeit von *W. Borkenstein.* 2 Bände.
I: Planung, Grundlagen und Grundzüge. 124 Seiten, 60 Abbildungen. 1955. (665)
II: Anordnung und Ausbildung der Hauptbauwerke. 184 Seiten, 91 Abbildungen. 1958. (666/666a)

Verkehrswasserbau von *H. Dehnert.* 3 Bände.
I: Entwurfsgrundlagen, Flußregelungen. 103 Seiten, 52 Abbildungen. 1950. (585)
II: Flußkanalisierung und Schiffahrtskanäle. 94 Seiten, 60 Abbildungen. 1950. (597)
III: Schleusen und Hebewerke. 98 Seiten, 70 Abbildungen. 1950. (1152)

Wehr- und Stauanlagen von *H. Dehnert.* 134 Seiten, 90 Abbildungen. 1952. (965)

Talsperren von *F. Tölke.* 122 Seiten, 70 Abbildungen. 1953. (1044)

Hoch- und Tiefbau

Die wichtigsten Baustoffe des Hoch- und Tiefbaus von *O. Graf †*. 4., verbesserte Auflage. 131 Seiten, 63 Abbildungen. 1953. (984)

Baustoffverarbeitung und Baustellenprüfung des Betons von *A. Kleinlogel*. 2., neubearbeitete und erweiterte Auflage. 126 Seiten, 35 Abbildungen. 1951. (978)

Festigkeitslehre. 2 Bände.
I: Elastizität, Plastizität und Festigkeit der Baustoffe und Bauteile von *W. Gehler †* und *W. Herberg*. Durchgesehener und erweiterter Neudruck. 159 Seiten, 118 Abbildungen. 1952. (1144)
II: Formänderung, Platten, Stabilität und Bruchhypothesen von *W. Herberg* und *N. Dimitrov*. 187 Seiten, 94 Abbildungen. 1955. (1145/1145a)

Grundlagen des Stahlbetonbaus von *A. Troche*. 2., neubearbeitete und erweiterte Auflage. 208 Seiten, 75 Abbildungen, 17 Bemessungstafeln, 20 Rechenbeispiele. 1953. (1078)

Statik der Baukonstruktionen von *A. Teichmann*. 3 Bände.
I: Grundlagen. 101 Seiten, 51 Abbildungen, 8 Formeltafeln. 1956. (119)
II: Statisch bestimmte Stabwerke. 107 Seiten, 52 Abbildungen, 7 Tafeln. 1957. (120)
III: Statisch unbestimmte Systeme. 112 Seiten, 34 Abbildungen, 7 Formeltafeln. 1958. (122)

Fenster, Türen, Tore aus Holz und Metall. Eine Anleitung zu ihrer guten Gestaltung, wirtschaftlichen Bemessung und handwerksgerechten Konstruktion von *W. Wickop †*. 4., überarbeitete und ergänzte Auflage. 155 Seiten, 95 Abbildungen. 1955. (1092)

Heizung und Lüftung von *W. Körting*. 2 Bände. 9., neubearbeitete Auflage.
I: Das Wesen und die Berechnung der Heizungs- und Lüftungsanlagen. 1960. In Vorbereitung. (342)
II: Die Ausführung der Heizungs- und Lüftungsanlagen. 1960. In Vorbereitung. (343)

Industrielle Kraft- und Wärmewirtschaft von *F. A. F. Schmidt* und *A. Beckers*. 167 Seiten, 73 Abbildungen. 1957. (318/318a)

Vermessungswesen

Vermessungskunde von *P. Werkmeister*. 3 Bände.
I: Stückvermessung und Nivellieren. 10., völlig neubearbeitete Auflage von *W. Grossmann*. 143 Seiten, 117 Figuren. 1958. (468)
II: Horizontalaufnahmen und ebene Rechnungen. 8., völlig neubearbeitete Auflage von *W. Grossmann*. 133 Seiten, 97 Figuren. 1959. (469)
III: Trigonometrische und barometrische Höhenmessung. Tachymetrie und Absteckungen. 7., völlig neubearbeitete Auflage von *W. Grossmann*. 136 Seiten, 97 Figuren. 1960. (862)

Photogrammetrie von *G. Lehmann*. 189 Seiten, 132 Abbildungen. 1959. (1188/1188a)

Sammlung Göschen / Bandnummernfolge

1 Langosch, Der Nibelunge Nôt
3/3a v. Ende, Maschinenelemente
9 Marcard-Beck, Dampfkessel I
10 Jiriczek-Wisniewski, Kudrun- und Dietrich-Epen
18 Maurer, Hartmann von Aue. Der arme Heinrich
19 Altheim, Römische Geschichte I
20 Hofstaetter, Dt. Sprachlehre
22 Maurer, Gottfried von Strassburg
29 Brauns-Chudoba, Allg. Mineralog.
31/31a Brauns-Chudoba, Spez. Mineralogie
35 Treue, Dt. Geschichte von 1648 bis 1740
37 Klemm, Anorganische Chemie
38/38a Schlenk, Organische Chemie
39 Treue, Dt. Geschichte von 1713 bis 1806
42 Behn, Vorgeschichte Europas
44 Kresze, Physikalische Methoden der organischen Chemie
47 Fischer-Rohrbach, Arithmetik
51/51a Ringleb, Mathematische Formelsammlung
52 Bieler, Röm. Literaturgesch.
59 Krahe, Indog. Sprachwiss. I
60 Biehle, Stimmkunde
61 Biehle, Redetechnik
64 Krahe, Indog. Sprachwiss. II
65/65a Grotemeyer, Analyt. Geometrie
66 Berneker-Vasmer, Russische Grammatik
71 Schulze, Allgemeine und physikalische Chemie I
76 Döring, Einführung in die theoret. Physik I
77 Döring, Einführung in die theoret. Physik II
78 Döring, Einführung in die theoret. Physik III
79 Hempel, Got. Elementarbuch
80 Weigert, Stilkunde I
81 Schubert-Haussner, Vierstell. Logarithmentafeln
86 Barner, Differential- u. Integralrechn. I
96 Hartmann, Einf. in die allgem. Biologie
99 Hessenberg-Kneser, Ebene und sphär. Trigonometrie
101 v. Wiese, Soziologie
103 Dahrendorf, Industrie- und Betriebssoziologie
104/104a Hofstätter, Sozialpsycholog.
111 Hoffmann-Debrunner, Gesch. der griechischen Sprache I
114 Debrunner, Gesch. der griechisch. Sprache II
117 Brandenstein, Griechische Sprachwissenschaft I
118/118a Brandenstein, Griechische Sprachwissenschaft II
119 Teichmann, Statik der Baukonstruktionen I
120 Teichmann, Statik der Baukonstruktionen II
122 Teichmann, Statik der Baukonstruktionen III
125 Vossler-Noyer-Weidner, Ital. Literaturgeschichte
128/128a Lausberg, Romanische Sprachwissenschaft I
136 Mahler-Graewe, Physikalische Formelsammlung
141 Geitler, Morphologie der Pflanzen
142 Haack, Darstellende Geometrie I
143 Haack, Darstellende Geometrie II
144 Haack, Darstellende Geometrie III
145 Weimer, Gesch. der Pädagogik
148 Kolms, Finanzwissenschaft I
156/156a Landmann, Philosophische Anthropologie
170 Oehlmann, Musik des 19. Jhs.
171/171a Oehlmann, Musik des 20. Jhs.
173 Bruhns-Ramdohr, Petrographie
180 Böhm, Versicherungsmathem. I
184 Blümcke, Textilindustrie I
196 Mohr, Grundlagen der Elektrotechnik I
197 Mohr, Grundlagen der Elektrotechnik II
198 Mohr, Grundlagen der Elektrotechnik III
200/200a Gottschald, Dt. Rechtschreibungswörterbuch
210 Bruhns-Ramdohr, Kristallogr.
220/220a Moser, Allg. Musiklehre
221/221a Jander-Jahr, Maßanalyse
222 Hassak-Beutel-Kutzelnigg, Warenkunde I
223 Hassak-Beutel-Kutzelnigg, Warenkunde II

594 v. Lengerken, Insekten
597 Dehnert, Verkehrswasserbau II
601 Mutschmann, Engl. Phonetik
619 Buchwald, Kristalloptik
665 Ludin-Borkenstein, Wasserkraftanlagen I
666/666a Ludin-Borkenstein, Wasserkraftanlagen II
668 Knopp, Funktionentheorie I
677 Altheim, Röm. Geschichte II
679 Altheim, Röm. Geschichte III
684 Altheim, Röm. Geschichte IV
691 Fauser, Kulturtechn. Bodenverbesserungen I
692 Fauser, Kulturtechn. Bodenverbesserungen II
698/698a Schulze, Allgemeine und physikalische Chemie II
703 Knopp, Funktionentheorie II
709 Lehmann, Philosophie des 19. Jahrhunderts II
711 Kesselring, Berechnung der Schaltgeräte
714/714a zur Megede, Technik selbsttätiger Regelungen
715 Zietemann, Dampfturbinen II
716 Zietemann, Dampfturbinen III
718 Neger-Münch, Laubhölzer
728/728a Pirani-Fischer, Graph. Darstellung in Wissensch. u. Technik
735 Ekwall, Historische neuengl. Laut- und Formenlehre
746/746a Pfanzagl, Allg. Methodenlehre der Statistik I
747/747a Pfanzagl, Allg. Methodenlehre der Statistik II
756/756a Kalitsunakis, Grammatik der Neugriechischen Volkssprache
763/763a Beer-Meyer, Hebräische Grammatik I
764/764a Beer-Meyer, Hebräische Grammatik II
768/768a Bieberbach, Einführung in die konforme Abbildung
769/769a Beer-Meyer, Hebr. Textbuch
776 Kolms, Finanzwissenschaft III
780 Krahe, German. Sprachwiss. II
781 Weigert, Stilkunde II
782 Kolms, Finanzwissenschaft IV
786 Schulze, Molekülbau
807 Kropp, Erkenntnistheorie
809 Moser, Harmonielehre I
826 Koch, Philosophie des Mittelalters
827 Schwaiger, Elektromotorische Antriebe
831 Erismann, Allg. Psychologie I
832/832a Erismann, Allg. Psychologie II
833 Erismann, Allg. Psychologie III
837 Baumgartner, Gruppentheorie
845 Lehmann, Philosophie im ersten Drittel des 20. Jahrhunderts I
847 Herter, Lurche
850 Lehmann, Philosophie im ersten Drittel des 20. Jahrhunderts II
851/851a Moede, Psychologie des Berufs- und Wirtschaftslebens
857 Capelle, Griech. Philosophie I
858 Capelle, Griech. Philosophie II
859 Capelle, Griech. Philosophie III
862 Werkmeister-Grossmann, Vermessungskunde III
863 Capelle, Griech. Philosophie IV
866 Bieler, Röm. Literaturgesch. II
869 Freye, Vögel
875 Hofmann, Geschichte der Mathematik II
877 Knopp, Aufgabensammlung zur Funktionentheorie I
878 Knopp, Aufgabensammlung zur Funktionentheorie II
881 Humburg, Gleichstrommaschine II
882 Hofmann, Gesch. d. Mathematik III
893 Treue, Dt. Geschichte von 1807 bis 1890
894 Treue, Dt. Geschichte von 1890 bis zur Gegenwart
902 Müller, Dynamik I
903 Müller, Dynamik II
910 Jaeger, Afrika I
911 Jaeger, Afrika II
915 Sperber-Fleischhauer, Geschichte der Deutschen Sprache
917/917a Böhm, Versicherungsmathematik II
920 Hoheisel, Gewöhnliche Differentialgleichungen
921 Jantzen-Kolb, W. v. Eschenbach. Parzival
929 Schirmer-Mitzka, Deutsche Wortkunde

1130 Dibelius-Kümmel, Jesus
1131 Scholz-Schöneberg, Einführung in die Zahlentheorie
1132 Frühauf, Überspannungen und Überspannungsschutz
1134 Kuckuck, Pflanzenzüchtung I
1135 Lehnert, Beowulf
1137 Heil, Entwicklungsgeschichte des Pflanzenreiches
1138 Hämmerling, Fortpflanzung im Tier- und Pflanzenreich
1140 Unger, Induktionsmaschinen
1141 Koller, Hormone
1142 Meissner-Lehnert, Shakespeare
1144 Gehler-Herberg, Festigkeitslehre I
1145/1145a Herberg-Dimitrov, Festigkeitslehre II
1146 Humburg, Synchrone Maschine
1147 v. Waltershausen, Kunst des Dirigierens
1148 Pepping, Der polyphone Satz I
1152 Dehnert, Verkehrswasserbau III
1153/1153a Mellerowicz, Allgemeine Betriebswirtschaftslehre II
1154/1154a Mellerowicz, Allgemeine Betriebswirtschaftslehre III
1155 Schwartz, Mikrobiologie I
1156/1156a Meinke, Komplexe Berechn. v. Wechselstromschalt.
1157 Schwartz, Mikribiologie II
1158 Mayrhofer, Sanskrit-Grammatik
1159 Jungbluth, Gießereitechnik I
1160 Dibelius-Kümmel, Paulus
1161 Kaestner, Spinnentiere
1162 Seidel, Entwicklungsphysiologie der Tiere I
1163 Seidel, Entwicklungsphysiologie der Tiere II
1164/1164a Pepping, Der polyphone Satz II
1165/1165a Bechert-Gerthsen, Atomphysik IV
1169 Paulsen, Allgemeine Volkswirtschaftslehre I
1170 Paulsen, Allgemeine Volkswirtschaftslehre II
1171 Paulsen, Allgemeine Volkswirtschaftslehre III
1172 Paulsen, Allgemeine Volkswirtschaftslehre IV
1173 Hamann-Funke-Hermann, Chemie der Kunststoffe
1176/1176a Lorenzen, Formale Logik
1178/1178a Kuckuck, Pflanzenzüchtung II
1179/1179a Strubecker, Differentialgeometrie II
1180/1180a Strubecker, Differentialgeometrie III
1181 Franz, Topologie I
1183/1183a Nicolas, Finanzmathematik
1184 Endres, Verbrennungsmot. II
1185 Endres, Verbrennungsmot. III
1186/1186a Mellerowicz, Allgemeine Betriebswirtschaftslehre IV
1187 Lau, Luther
1188/1188a Lehmann, Photogrammetrie
1189/1189a Päsler, Mechanik deformierbarer Körper
1190 Stupperich, Melanchthon
1191 Bräuer, Slav. Sprachwiss. I
1193 Fürstenberg, Wirtschaftssoziologie

Autorenregister

AUTORENREGISTER

FSC
www.fsc.org
MIX
Papier | Fördert
gute Waldnutzung
FSC® C083411

Kolibri 360 GmbH
Ferdinand-Jühlke-Straße 7
99095 Erfurt, Deutschland
produktsicherheit@kolibri360.de